林 镇／编

# 风格茶吧

广西师范大学出版社
· 桂林 ·

images
Publishing

# 目 录

# 前　言

## 设计的曙光

—

"探店"是现在的年轻人喜爱的时髦的社交方式之一。喜爱新鲜事物的他们，约上三五知己，在地图上精挑细选地圈出关于咖啡、美食、时尚、艺术等领域的有趣店铺，然后前往"打卡签到"，并在社交网站上分享。一家店铺甚至取代了传统的"景点"，成了新的消费目的地。

究其原因，设计可谓功不可没，它拥有一种改变的力量。在当今时代，我们所处的社会正不断发生变化，人们对生活质量的要求也越来越高，设计已经不纯粹是社会发展和人们生活的产物，"为生活而设计"成了不可逆转的趋势。

近几年我一直在茶饮行业中的设计者、经营者、消费者以及投资者的角色之间不断转换，希望能够通过这本集多种类型茶吧的书籍，与各位读者分享一些见解，聊一聊近年来火热的茶吧空间设计。茶文化，在中国已经有源远流长的历史。随着人们生活习惯的发展，出现了一系列喝茶、用茶的地方——茶馆。在过去，茶馆不光是喝茶的地方，也可以是提供人们休息娱乐的场所——人们可以在这里品茶、交流、听曲，从而增进情感，释放压力。

随着时代的变迁，人们的消费需求不断提升，过去传统、单一的品茶方式陈旧过气，逐渐式微；另一方面，新式茶饮争相崛起，在资本市场与社交媒体的推动下，变成大众追捧的流行生活方式。

这一过程，究竟经历了什么？

前瞻产业研究院发布的《中国茶饮料行业产销需求与投资预测分析报告》数据显示，从 2001 年起，我国茶饮料市场进入快速发展期，几乎每年以 30% 的速度增长，已成长为茶产业的重要支柱。根据中信证券的数据，新中式茶饮的潜在市场规模为 400 亿元至 500 亿元。

面对如此庞大的市场份额，投资者们也不甘示弱。据统计，目前茶饮行业融资金额超过 13 亿元，其中天图资本投资了奈雪の茶；京东创始人刘强东投资了因味茶；丰瑞资本投资了关茶；美亚投资了一点点；IDG 投资了喜茶；达晨投资了煮葉。这一系列的融资均昭示着新中式茶饮在国内的迅猛崛起。

细数我国现代茶饮业的发展，主要经历了三个阶段：以粉末冲调，不含奶也不含茶的"粉末时代"；茶末和茶渣做基底茶，配以鲜奶勾兑的"街头时代"；用专业设备精萃上等茶叶，配以奶盖或水果，并且店铺装修舒适的"新茶饮"时代。随着阶段性的改变，不难看出，茶饮店已从街头巷尾发展到高端商场，从简陋低端到精致奢华，从只注重产品到引领消费方式。中国茶饮市场品牌缺失的局面正在被扭转，茶饮品牌之间的竞争也日渐激烈。

到目前为止，国内仍然没有能够真正占领消费者心智，具有高认知度的，类似于咖啡市场的星巴克、太平洋咖啡和 COSTA 等的茶叶或茶饮品牌。其原因是，以茶叶为核心的线下消费场景仍然处于极度分散、低水平竞争的阶段；另一方面，新茶饮形式日新月异，卖点各异，如奶盖茶、混茶等细分品类层出不穷。茶饮品牌争相通过强调产品差异化和消费体验个性化，让自己变得更具有竞争力，尽早占据一席之地。

毫无疑问，设计是整个升级过程中备受关注的一环。

首先是经营者层面的认知升级：例如因味茶刚起步时的空间设计就以参照星巴克为主，没有过多的个性化设计。伴随品牌的扩张发展，经营者发现，要想传达完整的品牌形象和提供更高效的服务，需要把空间设计考虑在内。其次是消费者层面的需求升级：消费需求已由过去的"吃饱解馋"

因味茶门店，2015 年设计

因味茶旗舰店，2017 年设计

向"吃得好及好玩社交"转变，空间正是提供好玩社交的重要载体之一。最后是消费升级，即消费者用更高的价格为产品或服务买单。更好看、更舒适的空间无疑能够增加品牌的附加值，使一杯茶卖出更高的价格。

"一个全球性的设计驱动型品牌时代已经来临，它将成为促进中国消费升级、市场升级、产业升级，并拉动社会经济加速发展的下一个风口"，广州美术学院设计学院前院长童慧明曾发文说道。即使现在茶饮业中并未真正出现设计驱动型品牌的标杆，但不可否认，在未来，以用户体验为中心，设计提升品牌价值的思维，将会被茶饮业品牌视为核心竞争力。

对设计界来说，这是前所未有的机遇。

## 大设计与小设计

作为一名设计师，我身兼茶饮店创始人以及因味茶的店铺设计师，可以说非常乐意拥抱当前的机遇。我想这是为设计发声的良好契机。在过去，设计会被简单解读为"颜值"的保障，其实不然，设计的作用远远不仅于此。在我看来，设计师除了需要专注做好"小设计"，即空间的视觉表现以及物理布局，还需要兼顾好"大设计"，即把品牌文化、产品、选址、运营、营销等环节纳入设

计体系之中。一系列与市场紧密结合的商业实践，能对设计本身产生反哺作用，真正实现用项目实践来完善设计的价值。

纵观整个茶饮市场，新式茶饮品牌喜茶已稍稍领先一步，它把空间体验设计纳入其系统的品牌文化建设范畴之中，积极探索用空间讲述品牌故事的可能性。早在 2014 年，喜茶已将中山小榄的店铺面积扩展至 100 多平方米，从只聚焦产品到关注整个消费体验，尤其是门店设计的消费升级，可以说是喜茶从产品到品牌阶段性进化的缩影。除了主打社区生活的、以白灰为主色调的简约风格标准店外，喜茶还推出具有不同的形象表现的主题店，如代表女性的 Pink 店和冷酷摩登的黑金店，向消费者立体地展现自身多元化的魅力。具有试验先锋概念的 LAB 概念店，是喜茶在设计和研发方面做出的尝试，它基于自身品牌基调做出了不同元素的搭配。线下快闪店也作为更灵活的互动化场景，应运而生。

本书收录了多位设计师设计的不同形态的茶吧，并针对当下零售茶饮市场现状，将这些项目分为现代中式茶吧、东方茶室、西方茶吧以及新茶吧，共四种店铺形态。本书意在通过梳理当下市场几种盛行的茶吧形态，为设计师、业主或有志于此的读者提供一些参考，帮助他们找到属于自己的茶饮业入行模式。

喜茶不同主题的店铺设计

## 四大茶吧设计类型

### 1. 现代中式茶吧

代表案例: 因味茶 (上海梅龙镇广场店)

项目地点 / 中国, 上海市　　面积 / 150 平方米
设计 / DPD 香港递加设计　　完成时间 / 2017 年　　摄影 / 张大齐

现代中式茶吧一改传统中式茶吧的厚重感，多采用隐喻、象征的手法，化繁为简，强调事物的单纯性与抽象性，并以直线和块面的排列、组合为构造技法，营造清新、简约、自然的空间氛围。

现代中式茶吧将中式茶元素与传统符号以现代的手法与材料表现出来。此类茶吧的装饰材料强调素材的自然肌理，钟爱水泥素面、实木质地、钢铁材料及各种复合板材的应用。简约自然的设计风格，主题鲜明，强化了茶吧的品牌效应。在因味茶 (上海梅龙镇广场店) 中，设计师在空间中大量运用的简洁流线设计，其形源于水滴入茶水面所泛起的涟漪；天花板圆顶造型是受传统建筑中天井的启发，意在营造惬意轻松的院落氛围；洁净的白色与自然的原木色占据整个空间，强调原生、健康、自然的品牌概念，让顾客更轻松自在地体验茶道美学。

此类茶吧选址偏向写字楼和商圈，瞄准年轻的职场人群，主张追求健康、自然的生活理念。与传统中式茶饮注重茶文化以及冲泡技术相比，新中式茶饮更注重口感和感官体验，其产品在纯原叶茶茶底上衍生，并加大了对新品研发的投入。在因味茶的店铺中，装着茶叶的玻璃茶桶被摆放在吧台上，像展示咖啡豆一样展示了其原产地；煮葉店铺中还放置了模拟手冲咖啡的器具，它可以控制水的温度、降温曲线、冲泡时间以及水量。

现代中式茶吧的经营管理者大多拥有成熟的商业运营经验，对市场、商业、格局有着敏锐的判断。他们希望通过品牌的革新，打造以茶为载体的消费场景，改变消费者对传统茶饮陈旧的认知，与消费者做更深度的联结。

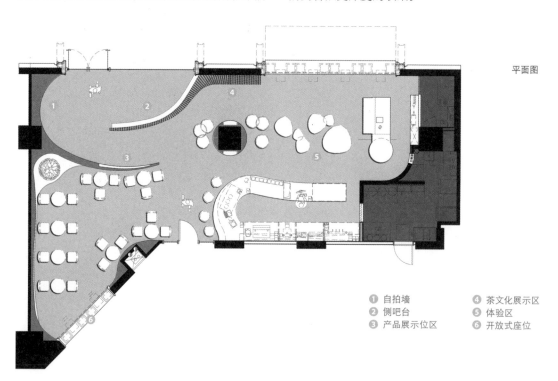

平面图

① 自拍墙　　④ 茶文化展示区
② 侧吧台　　⑤ 体验区
③ 产品展示位区　⑥ 开放式座位

对于大多数年轻人来说,充满仪式感的程序,相对复杂的冲泡手法,以及老化的体验空间,都可能是阻碍他们爱上茶文化的因素。茶通常与烦琐、严肃、传统等印象紧紧捆绑在一起,然而事实上它并非必然如此。DPD 香港递加设计接受了新式茶饮品牌因味茶的设计委托,试图通过当代的设计手法来重新演绎古老的中式茶文化,冲击年轻人对茶文化的传统认知,创造出自然的茶文化消费场所。

木格栅门头橱窗、开放式的座位和明亮整洁的室内环境,使得整个茶饮空间在繁华购物中心的临街店铺中别树一帜,如一缕清风般自然而静谧。店内顾客能一边品尝茶饮一边欣赏街景,他们在这里歇息、谈笑风生,也不知不觉成了路人眼里别致的风景。这里不仅是贩售茶产品的场所,更是新生活方式的展示平台,是人们与茶文化对话的窗口。

传统茶文化在传播上需要符合当代的文化语境与沟通方式,才能让年轻人真正产生共鸣。DPD 提取茶文化与因味茶品牌中的标志性元素,融入茶饮空间的诠释当中。

在本项目中,设计师设置了多种功能分区,以适应不同顾客的需求:店内设有侧吧台和体验区,以满足他们临时等候的需求;开放橱窗旁的产品陈列区,可让行人快速了解店铺经营内容;长吧台的设置是为了鼓励人们一起品尝不同的茶叶、分享泡茶方式;圆形水磨石装饰墙,则是顾客的留影专区。顾客在不同方位体味茶的流动之美,并用一种色香俱全的方式,享受自在时光。(文 /DPD 香港递加设计)

分解图一1

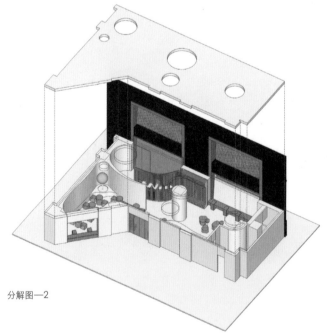

分解图一2

对页上图　体验区为短暂停留的来客提供便利的服务
对页下图　半透明的木格栅与白色墙体构成的弯曲廊道引导人们一步步向店内探索，
营造出曲径通幽的神秘感
下图　改良后的金属搁架重现了筛茶竹笼的视觉印象，兼具展示和储存功能

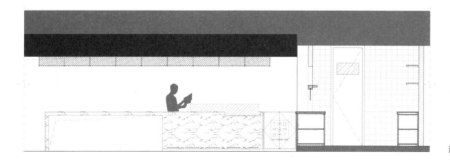

剖面图

## 2. 东方茶室

代表案例: 知丘茶食山房

项目地点 / 中国, 济南市　　面积 / 700 平方米　　设计 / TRD - 中合深美
完成时间 / 2017 年　　摄影 / 金啸文

东方茶室, 是建立在对古典中式茶馆充分理解的基础上演化而来的茶饮空间, 将当代主义观念与传统意趣相结合, 对传统文化进行解读与重构、演绎与提炼, 营造富有传统韵味的现代空间。

东方茶室雅致而不繁复, 注重空间与自然相互协调、互相交流与融合, 追求修身养性的生活境界; 多以简练的明式家具为主, 空间中还点缀着书画作品与花鸟植物, 并打造曲径通幽、移步异景的空间格局, 使人在方寸之间感受意象的无限延展。

30 到 60 岁的人群是东方茶室的目标消费群体, 他们对传统茶饮文化的传承尤其讲究——注重茶的渊源和文化, 以及冲泡技艺等。东方茶室多数拥有独立庭院, 远离人流过于密集的商圈, 意在为忙碌的都市人在快节奏的工作之外提供一

块悠然自得的净地。为保证高品质的体验, 经营者会减少营销手段——推广形式多以口碑传播为主。

平面布置图

知丘茶食山房，隐于济南护城河畔，从这里漫步几分钟即可到达趵突泉、黑虎泉、泉城广场、大明湖。项目的名字"知丘"的含义便是"越过山丘遇知己，有心常作济南人"。

"知丘"一词，出自《史记·孔子世家》，"孔子曰：后世知丘者以《春秋》"。以此为名，既向中国文化致敬，也表达了情系一山一水一圣人，更重要的是"有朋自远方来，不亦乐乎"的思想。

放眼望去，这里是最有味道的济南，室内要造景，与这良辰美景呼应——风景是自然的艺术，艺术是人造的风景——营造一个独立安静的小世界。造景艺术的极致是切近人心，它不用纸笔，又胜似笔墨，无时无刻无处都在与心灵对话。在繁华的城市中，体悟山水的乐趣；在灯火阑珊处，顿悟生活的诗意；在金戈铁马的梦里，感悟豪迈与狂放，就像济南这座城市的天然性格：豪放一面辛弃疾，婉约一面李清照。设计师取法东方园林意境，利用小面积庭园这个元素，加强与建筑的关系，让两者互相渗透、延伸——窗外车水马龙、红尘万卷，窗内看山还是山，木质的温良恭俭与"心水"的禅意，历经风雨霜雪，不减其韵，回归平和与意趣。（文 / TRD- 中合深美）

## 3. 西方茶吧

代表案例: T2 Shoreditch 茶吧

项目地点 / 英国, 伦敦市　　面积 / 95 平方米
设计 / Landini Associates　　完成时间 / 2014 年
摄影 / Andrew Meredith
所获奖项 / 国际室内设计协会奖 (International Interior Design
Association Awards)

相较于东方茶室的典雅和现代中式茶吧的日式简
约, 西方茶吧多以精致细腻、注重形式感以及色
彩的混合搭配为主要设计特色, 传达出一种色、
香、味俱全, 悠闲的、世界性的茶文化与生活形态。

西方茶文化并不算深厚, 因此中国传统茶文化并
没有成为西方茶吧设计发展的桎梏, 反而令西方
茶吧的设计风格独立于中国茶吧的设计风格之外,
多了几分时尚感和形式感。在"T2 Shoreditch 茶
吧"案例中, 店面以木质黑色墙面为基调, 颠覆我

们对茶文化的固有印象; 上百种茶叶和茶具陈列
在货架之中, 打造了具有丰富多彩的视觉与艺术
的茶叶飨宴; 茶店中央的展示空间, 吸引顾客进
行天马行空的茶叶拼配, 体验时髦混搭。

了解西方茶吧设计, 对于拓展国内外茶吧设计思
路, 具有非常重要的借鉴意义。

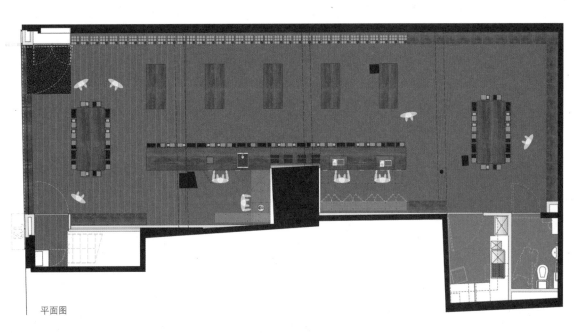

平面图

Landini Associates 与澳大利亚知名茶品牌 T2 合作推出了 T2 在伦敦的第一家分店。

这家店跟传统英式茶店不同，它保留了原始的空间特性，原材料和框架结构暴露在外。店铺的货架、墙面、地面、天花板都是黑色的，加上 T2 包装的明亮颜色，营造了一种非常酷的现代氛围。正如 T2 本身一样，该项目的设计致力于颂扬拥有百年历史的制茶工艺和饮茶文化。30 米长的茶叶库内存放了 250 多种不同种类的茶叶，使顾客沉浸在浩瀚的"茶海"中。位于茶店中央的品茶空间和散发着茶香的桌子刺激着顾客的感官，使他们可以通过品尝、触摸去比较不同茶叶的成分和香味。

用多层交织的焊接钢材打造的透明展示台上摆放着多种茶壶和茶具，黄铜洗手池和管道与店内整体氛围十分相配。工业配色中和了 T2 品牌包装的橙色调，最引人注目的是茶叶库中变黑的氧化钢材。此外，这里有专门的工作人员用来自世界各地的茶具为顾客泡茶，讲解关于茶叶的知识。

灰暗、芳香的风格赋予 Redchurch 大街以墨尔本的气息和感觉，这家新的旗舰店向人们展示了 T2 品牌茶店令人振奋的变革理念。（文／Landini Associates）

对页图　货架、墙面、地面都是黑色的
下图　茶叶库内存放了二百余种不同种类的茶叶

## 4. 新茶吧

代表案例: 喜茶（广州天环广场 Pink 店）

项目地点 / 中国，广州市　　面积 / 130 平方米　　设计 / 深圳梅蘭工作室
（陈志青、丁致伟、吴秋丽、邓雄）　　完成时间 / 2017 年　　摄影 / 黄缅贵

新茶吧的空间设计技法与现代中式茶吧相似，以
空间的整体性为设计基本原则，强调形式服务与
功能，在形态上提倡几何造型的审美趋势，注重
经济适用、简约美观的设计理念。值得一提的是，
新茶吧的多数设计者会考虑空间在社交网络上
传播的可能性，试图以耳目一新的门店设计来吸
引年轻消费群体。

带有炫彩、镜面、磨砂等属性的材料与大面块的
纯色相结合，容易形成具有冲击力和戏剧化的视
觉效果，帮助店铺在社交网络上快速为年轻人所

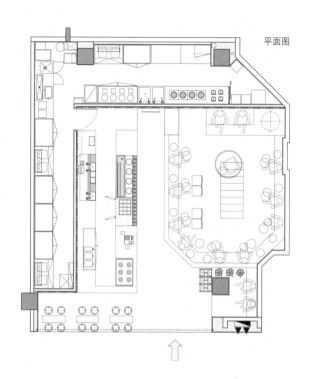

平面图

知，并使其产生消费行为。这类茶吧选址多数在人流密集的商业中心或街道，火热的排队场景能形成自传播效应，吸引更多潜在客户前来体验与消费。

这并不意味着弱化了产品的重要性，与之相反，这些品牌更强调产品研发的速度及口味的独特性，从而增加年轻消费者的消费频次，令其形成消费习惯。而上文提及的喜茶在丰富空间体验上的屡次尝试，强调社交属性，积极向消费者传递生活方式理念，在产品和品牌上齐发力，最终目的也同样是为了让品牌热度不降温，不断在探索与实践中树立品牌形象。

喜茶团队谨慎而克制地赋予其"容器"与"骨骼"性质的基础风格，就是为了可以在这个基础上做更多有趣而大胆的尝试。喜茶 (广州天环广场 Pink 店) 的主题，别出心裁地从颜色出发来考虑设计。

淡山茱萸粉是由全球最权威的颜色研究机构 Pantone 选出的 2017 年流行色。这是继 2016 年将粉晶 (Rose Quartz，色号：13–1520) 作为全球年度流行色之后，再一次选择"千禧粉" (Millennial Pink) 家族中的同胞。

"千禧粉"是一系列粉色的总称，包含从带有浅褐色的粉红色到鲑鱼粉，并加入一定程度的冷灰色调，它比传统的亮粉色多了一点复古气息。从位于西班牙海滨城市卡佩尔的 La Muralla Roja 公寓，到美国洛杉矶的 Paul Smith 粉墙，粉色让全世界蒙上一层梦幻的薄雾。

设计师大量选用诸如丹麦 bang & olufsen 音响 (粉色版)、菲利普斯达克的粉色鸟笼椅、guisset 系列粉色椅子，并且门头也用粉色搭配香槟金色，同时保留了金属质感的桌椅，大面积的不锈钢配件，形成了一个让现代人在当下高强度生存压力中的缓冲空间。寻求正能量和幸福的茶客，能在此一别现代生活的压力。

人的视觉最敏锐，也最挑剔，放眼望去，茶吧各处都有自己的故事——怀旧又新潮、可爱又任性。
(本页文 / 达达 zen)

上图　粉色楼梯的镜面空间
下左图　金属材质与粉色组合成的边几
下右图　菲利普斯达克的粉色鸟笼椅

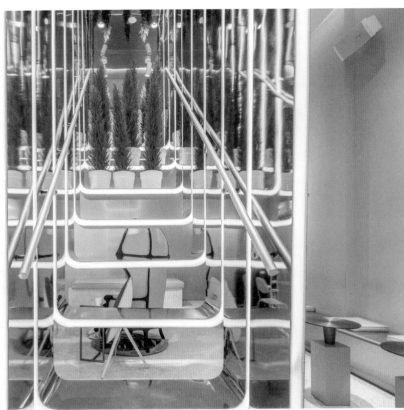

## 设计的突破

随着经济的发展，中国人的文化自信不断提升，对本土文化产品的消费诉求逐渐变得旺盛。"茶"这一带着浓厚中国本土文化烙印的品类受到越来越多的关注，茶饮市场会持续繁荣。移动互联网等技术的发展，让社会信息传播和产品获取方式发生巨大改变，茶饮文化得以迅速普及，外卖等方式也会让茶饮的获取方式变得更加便捷。因此，未来的茶饮市场会往两个方向发展：大众化和精品化，这也会引领设计进一步发展。

首先，是大众化。在资本的推动下，一部分茶饮品牌依靠其精细的产品运营与敏锐的市场嗅觉，把握住茶饮消费体验升级的趋势，已在多座城市展开大规模布局。新式茶饮生活方式也会在社交媒体的催化之下快速传播，可以预见，未来市场上会涌现出一些巨头茶饮品牌，而这也会带来茶吧设计的旺盛需求。在庞大的设计需求和快速变化的设计环境下，拥有专业化与系统化设计管理的设计团队尤其受欢迎，他们能够把握好项目完成的时长，使用一些轻盈又能出效果的材料，并懂得年轻人的心理，这样的团队能够帮助品牌快速占领市场，并实现快速迭代。与此同时，设计也会和品牌结合得更加紧密，有机地设置品牌文化的接触点，争取在一众茶饮品牌中脱颖而出。

其次，是精品化。茶饮品牌为占据独特的市场地位，会针对不同人群、不同消费情景构建不同的饮茶场景，新茶饮类型会越来越丰富，从而带动对设计创新性要求的提升。在设计中实现装置艺术化，是目前很多设计师都在尝试的出路。艺术化装置拥有丰富多样的表现形式，能够在审美层次不断提升的当下，满足消费者追求新奇、有趣、好玩的心理需求。比如韦斯·安德森电影中鲜艳又精致的色彩搭配大受欢迎，并被很多餐厅效仿。

我始终相信，设计是促使商业运作模式进步与转变的强大动力。在这个资本关注度越来越高、品牌竞争越演越烈的茶饮市场，各方通过出奇招以高颜值的、有意思的茶吧形态传递品牌文化及新社交概念来打动消费者。这背后也代表着人们对设计助力商业发展的认知度越来越高，我们生活的城市也因此会变得更加丰富多彩。但如何才能"长红到底"？归根到底还在于整个品牌的产品、运营以及品牌文化的系统性配套，并保持动态发展。

案例赏析

# 荟舍

项目地点
中国，惠州市
—
面积
1600 平方米
—
设计
SORABRAND
—
完成时间
2016 年
—
摄影师
陈少聪、陈科夫

三十年西方，三十年东方，从追崇西方文化，到民族文化走向国际，"中式美学"逐渐回归。"隐于市"的理想生活方式，也正是当代人不争世事的生活向往。感受中式魅力的沿袭和发展，从东方传统文化的"茶从山丘来、取之嫩芽、人居屋檐下、千里大雁、波光粼粼"中，取一撇一捺"人"的延展图形构成品牌标识，呈现新中式生活。

荟舍的包装设计以古庭院"月洞窗"为灵感，在拉伸打开窗户的动作中展现古建筑之美，不同包装取色不同，彰显不同茶品的特质。墙壁上的插画融入具有完美对称性的上古蕨类植物，与中式家具的中庸、对称相呼应。

作为一个新中式文化生活馆，荟舍拥东方之美，空间内包括轻禅茶室、潮流茶饮等体验空间。以"东方美学现代生活"为设计灵感，原木色为空间主基调，用木质的栅栏、舒适的家具，营造出"小隐隐于野，大隐隐于市"的宁心寂静之处。

荟舍承东方美学，传新中式文化，空间采用中式与现代结合的设计风格。一层为吧台区、茶叶茶具零售区、小型家具展览区，二层主要是茶饮区及办公区，均取枫木做主材，以营造轻松的购物氛围和"起于茶却不止于茶"的休闲体验。负一层展区对传统中式风格进行了提炼，在保留原来中式调性的同时，融入了现代设计元素，使空间既具有东方禅味的意境，又能结合商业的需求，悄然改变了人们对传统中式文化家居的刻板印象。

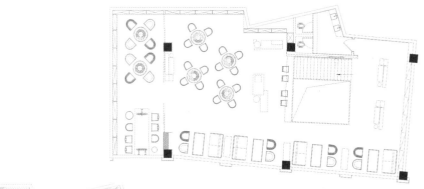

二层平面布置图

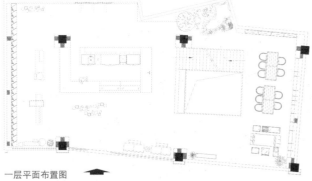

一层平面布置图

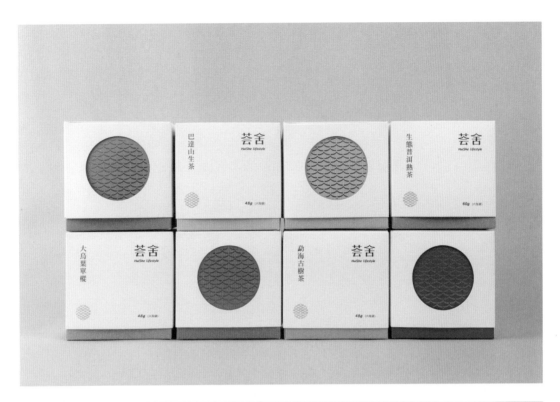

# Smith & Hsu 现代茶馆

—

项目地点
中国，台北市

—

面积
138 平方米

—

设计
自然洋行建筑设计团队

—

完成时间
2017 年

—

摄影
Smith & Hsu，自然洋行建
筑设计团队

台北是表现亚洲与东方文化面貌极其特别的一个区域，热衷于求新求变，同时也珍视过去的生活样貌。自台北高度发展 30 余年来，许多茶馆都极力追求中西方文化的交融，对于茶文化如何在现下都市生活中延续发展并创造一种新的认同，都有着各自对于时代性的理解与积极的态度。

Smith & Hsu 现代茶馆作为"现代中式茶吧"的代表，首先从室内的类延廊、类内院设计入手，创造了空间的高度差——或坐或走，在游移中饱含兴味。店铺左右两侧通过镜面处理，在视觉上拓宽了空间并延伸出不同角度的变化。踏入茶屋，透过高低差营造出的安定与舒适之感，既隔绝了室外的纷扰，又得以旁观室外的繁华。为平凡日常注入仪式感的"漂浮茶屋"，以质朴的形式在 Smith & Hsu 现代茶馆中出现。入口以带有反射光泽的铁网型塑出延廊，延伸而来的纵深廊透过木柱区分出两侧。再向里走，同为飘浮结构的 Smith & Hsu 茶具区有着店中店的概念。水塘垂降而下，倒映出天花板的柔幻波影，疗愈感油然而生，让人不禁跟着放松起来。以花为主角的艺术空间，用手工巧妙地打造了一种自然风格，打破了一般人造花的假意象。延廊的尽头是一个开放大吧台以及数组茶叶区。品牌方特别邀请年轻工艺师以近三十道工序手工染制的巨型红铜茶盘上摆放了 Smith & Hsu 品牌来自东西方的各种试闻罐，让挑选茶叶这件事更具一番风味。方与圆的造型，以不同形式、材质和角度在整个室内穿插，共同组成富有层次变化的空间，令人在其中穿越过渡，感受行云流水般的趣味。

材料部分，手工纤维纸吊灯散发出奶油般的光泽，为整体氛围定调；而地面使用的乐土涂料是以水库淤泥为原料所制作的防水透气环保涂料；墙面与天花板使用的石灰涂料是从古代即在世界各地被广泛运用的墙面装饰保护涂料；特意染色氧化处理的铜制器物和柔软纯净的胚布匹又在整体色调之外，于细节处增添了许多韵味。

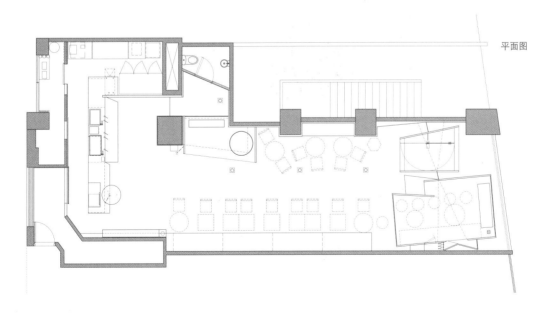

材料

石灰涂料　　台湾白　　蛇纹石　　藤编座椅　　书布　　乐土地坪　　纸纤维吊灯　　回收木料上漆　　抱枕坐垫布

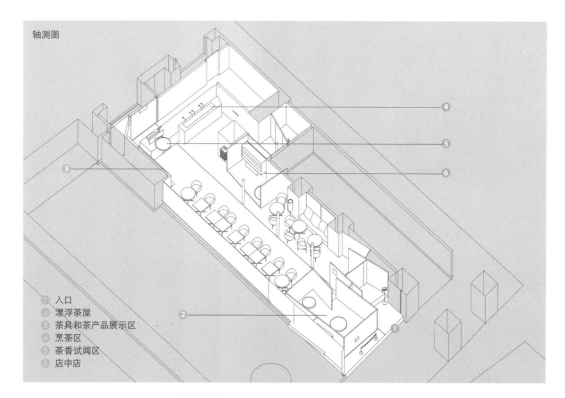

轴测图

1. 入口
2. 漂浮茶屋
3. 茶具和茶产品展示区
4. 烹茶区
5. 茶香试闻区
6. 店中店

# 悦泡茶空间

—

项目地点
中国，新余市
—
面积
144 平方米
—
设计
江西道和室内设计工程有限公司
—
完成时间
2016 年
—
摄影
李迪

年轻人充满好奇心，他们喜欢观察事物、喜欢摄影、乐于分享、渴望说出心中所想。该项目主要面向"80后""90后"年轻的消费人群，设计师希望打造一个时尚、年轻的空间。项目采用了新中式结合艺术性的新型设计手法，室内色调以黑色和木色为主，配以亮色的现代艺术家具，并在手绘艺术墙上安装现代风格的灯具，使空间变得生动起来。悦泡茶空间为追求艺术个性的现代年轻人提供了一个舒适的茶饮空间。

整个空间以"年轻"为主题，安静、沉稳的色调配上灵活、个性的装饰，让时光停留于艺术中。朴素简约的隔断展现出窗内借景的设计方式，让空间又多了一份神秘感。生活的美好需要不同的人在不同的时间去体验。眼下这个时代充满竞争，但悦泡茶空间可以让人们在喧闹中获得片刻安静和舒心。只有让心静下来，才能更好地迎接明天的挑战。

该项目的空间解决方案的实质在于"将空间切割成时区"的想法。实时时区曲率广泛存在于茶吧形态中。每个时区的开始和结束都有一条曲线来限定它所在的空间。曲线塑造成为空间特有的部分——茶吧本身、葡萄酒架和茶架、灯具和长凳。该空间采用不锈钢作为基础材料。清亮、精妙的钢制曲线幻化成时间轴线；光亮的金属材质使室内设备、陈列架、容器及酿酒器融为一体。

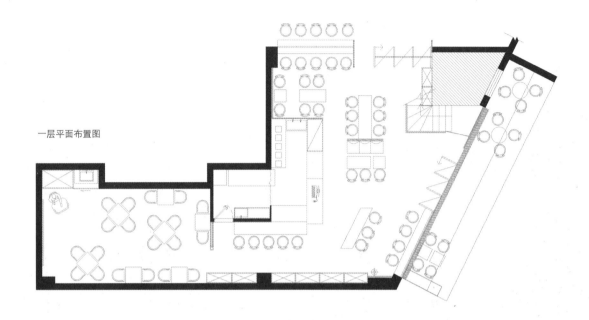

一层平面布置图

对页上图　入口
对页下图　卡座区
下图　雅座区

二层平面布置图

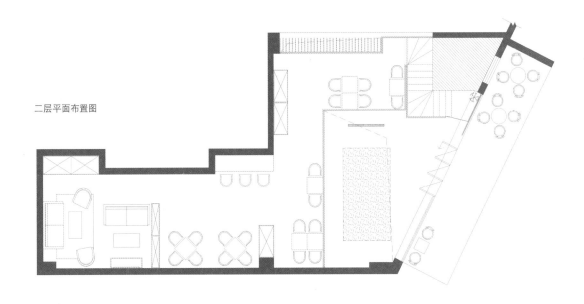

# 木从久·现代茶饮店

—

项目地点
中国，武汉市
—
面积
100 平方米
—
设计
众舍空间设计
—
完成时间
2017 年
—
摄影
汪海波

2017 年夏天，众舍空间设计受原创茶饮品牌"Teaspira 木从久"的邀约，为其打造一个健康、时尚的茶饮空间。该空间为新茶吧的典型代表：既保留了传统茶吧的茶具和细节，又营造出年轻人喜欢的清新氛围，整体环境与新鲜的茶饮相得益彰。

负责布置方案的设计师将原本并不规则的三面立面打通，将另一面较开阔的区域作为操作区；在空间表现上，通过使用黑白灰与原木色体块搭配，再加上三面落地玻璃，创造出引人驻足的静谧空间。每个路过的人都会不自觉地将目光落在室内空间。空间的整体设计与众舍的设计理念相一致：舍去一切多余的、繁复的装饰，追求简洁而富有韵味的空间。设计师将极简、纯粹、物尽其用的设计理念贯穿到设计中，给整个空间带来宁静、纯粹的茶韵之美。

吧台的设计以简洁的线条为主，让人不禁沉浸在萃茶的氛围之中。在材质方面，白色人造石与原木色家具相搭配，而由后操作台延伸至顶面的不锈钢非常特别。

用餐区域以卡座为中心，如同核心筒般环绕，黑色吧台钢板的运用增加了空间的硬朗感，配合木色的桌椅及落地隔音玻璃，通透且静谧。

除了整体空间的构思，在很多小细节的处理上，亦可以看出设计师的用心：中式茶具配以干净的原木，保持其干净纯粹的感觉；烹茶的器具和杯盏全部为白色；点餐牌同样以原木为主要材料，与相同材质的餐桌椅以及布艺长沙发共同创造出一个和谐的空间。

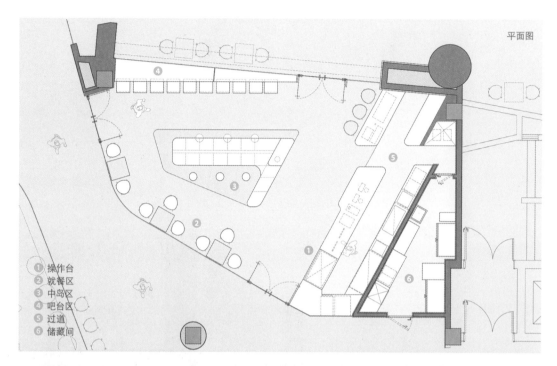

平面图

① 操作台
② 就餐区
③ 中岛区
④ 吧台区
⑤ 过道
⑥ 储藏间

# 大 益 茶 体 验 中 心

—

项目地点
中国，勐海市
–
面积
750 平方米
–
设计
研趣品牌设计 YHD
–
完成时间
2016 年
–
摄影
徐如林

茶品牌 TAETEA Pu'er & Café 要在历史悠久的勐海茶厂设计一个体验中心。原建筑是一幢 20 世纪 50 年代的茶厂厂房，设计师要在这样一个具有历史感的空间里，创造一个可以打动年轻消费群体的新中式茶吧。

设计团队数次拜访茶厂，并和业主沟通，计划在保留工厂文化的基础上加入 TAETEA 的品牌特征，充分体现大益茶在普洱茶上的专业态度——从种植到消费者终端全方位的产品体验。通过对工厂的考察，设计团队最后选择了茶厂的两个日常使用的器具：压茶机和晒茶架。压茶机作为零售的中岛，晒茶架则作为墙面和天花板装饰的一部分。设计团队认为铜的色彩和普洱茶汤色很接近，于是将铜色作为吧台和天花板造型的色彩。长八桌上方的普洱茶装置装满了大益茶最经典的茶品，顾客在饮用普洱茶的同时，也会了解一些大益茶的历史。设计师对大师品鉴区的传统茶台进行了新的设计，使其融入了这个时尚空间中。通过二楼的楼梯间，大幅艺术墙面，结合大益茶品牌标识，形成一个端景。整个空间弥漫着普洱特有的色彩以及工厂的旧影，让顾客从走进大门的那一刻，便浸入普洱茶的世界。

大益茶体验中心完成后，成为茶厂旅游的重要一站，每个顾客都会在这里体验大益茶对普洱的专业，而普洱也不再以高高在上的姿态面对大众。顾客在体验中完成对普洱茶的了解和对大益茶品牌的认知，正是设计师和商家所追求的效果。

**前页图** 因为铜的色彩和普洱茶汤色很接近,所以设计团队将其作为天花板造型的色彩
**下图** 品鉴区
**对页上图** 长八桌上方放置大益茶的经典茶品,晒茶架作为墙面和天花板装饰的一部分
**对页下图** 座位区

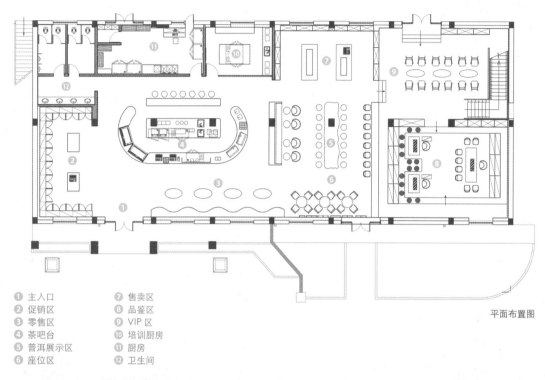

平面布置图

1 主入口　　　7 售卖区
2 促销区　　　8 品鉴区
3 零售区　　　9 VIP 区
4 茶吧台　　　10 培训厨房
5 普洱展示区　11 厨房
6 座位区　　　12 卫生间

# TEABANK 深宝茶行

—

项目地点
中国, 深圳市
—
面积
1980 平方米
—
设计
Crossboundaries
(蓝冰可、董灝)
—
完成时间
2015 年
—
摄影
董灝

TEABANK 深宝茶行坐落在深圳市南山区软件产业基地, 共有二层, 占地近 2000 平方米。作为中国茶行业首家上市公司, 深宝茶行开设了线下商店——基于线上到线下零售市场正处于迅速发展阶段这一情况, 他们通过提供实体饮茶体验店, 完善了电子商务。

为提供具有现代感的饮茶体验, Crossboundaries 为科技达人们设计的空间, 不单是工作之余的小憩空间, 也是暂时远离现实生活的一方净土。设计师在首层设计了长吧台和室内外座位, 中部空间开阔。在此之上, 有相似的夹层和二层空间, 慢节奏活动可在此开展。在二层的开放图书馆内有大量藏书, 并设有许多座位, 供顾客进行阅读、进餐和社交活动。

Crossboundaries 设计了五边形结构, 这有别于周围办公大楼的四方网格布置。五边形像茶树一样伸展, 形成地面、楼梯、天花板等。店内大面积使用木料, 柔化了几何五边形, 强调了茶馆的古朴性。一道长长的波浪形阶梯从天花板垂悬而下——客人拾级而上, 通过钢柱, 一层带来的快节奏感被徐徐转换, 可以体验到空间内氛围的变化, 随着水泥路一直延伸到二层, 绿色地板的加入也带来了温暖和自然的感受。五边形的下悬天花板和灯箱也和整体风格相呼应。深宝茶行的这次设计旅程, 意在通过茶所营造的一系列氛围, 带给顾客悠闲的感受。

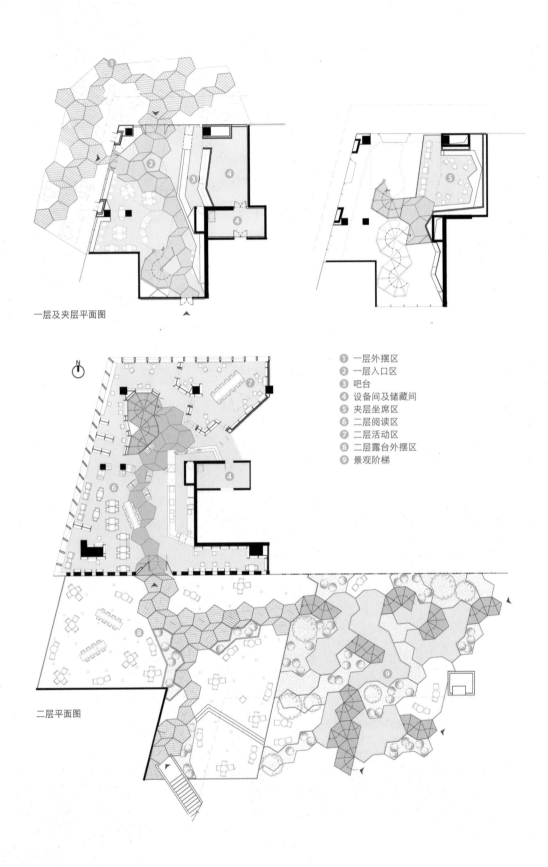

一层及夹层平面图

二层平面图

① 一层外摆区
② 一层入口区
③ 吧台
④ 设备间及储藏间
⑤ 夹层坐席区
⑥ 二层阅读区
⑦ 二层活动区
⑧ 二层露台外摆区
⑨ 景观阶梯

首层——快节奏品饮    夹层——温馨型空间    二层——品茶与阅读    露台——观演与互动

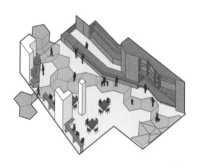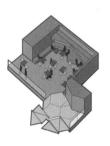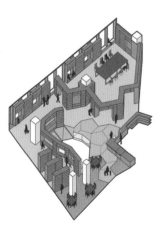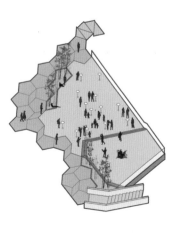

空间情景

地板与天花板　　　　　楼梯　　　　　吧台与展示架　　　　固定书架

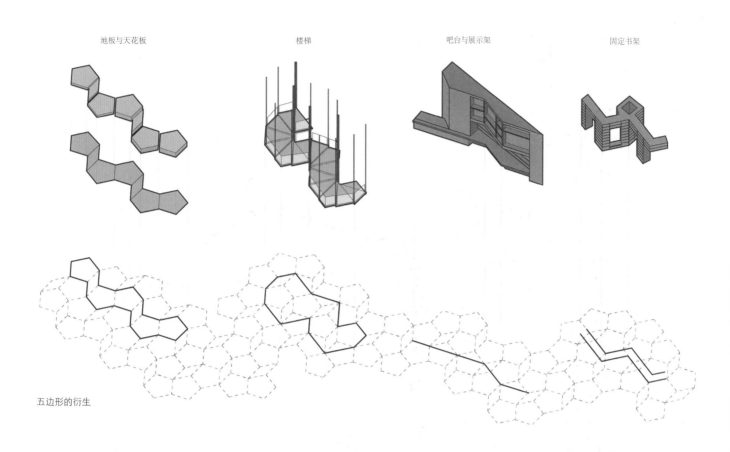

五边形的衍生

剖面图

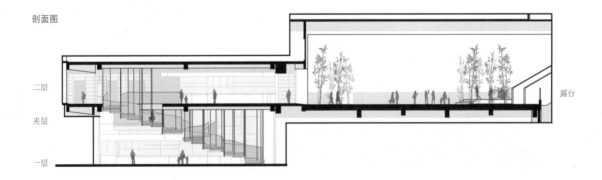

二层

夹层

一层

露台

# 茶自漫

—

**项目地点**
中国，武夷山市
—
**面积**
300 平方米
—
**设计**
极道设计
—
**完成时间**
2017 年
—
**摄影**
李迪

爷爷泡的茶 有一种味道叫做家

陆羽泡的茶 听说名和利都不拿

爷爷泡的茶 有一种味道叫做家

陆羽泡的茶 像幅泼墨的山水画

这是周杰伦的歌曲《爷爷泡的茶》中的歌词，是很多"80 后""90 后"非常熟悉甚至都会哼唱的一首歌曲；唐代的刘贞亮也在《饮茶十德》中提出，"以茶可行道，以茶可雅志"。茶作为一种修身养生之品，自唐代以来便成为一种生活必需品，有助于增进友谊、养心修德。后来随着禅宗思想的发展，茶道也日益兴盛。俗话说"茶有诗更高雅，诗有茶更清新。"自古茶道，与雅致的韵味是分不开的，若是空有一壶好茶，却没有雅致的环境来衬托，未免太过泛泛，并不足以称道。

茶自漫位于风景秀丽的武夷山风景区，设计团队用蘑菇石打造吧台，并配以原木台面，使其散发出一种自然、朴实的气息。墙上菜单的左右两边挂满了装有不同茶叶的抽屉，上面标有名签，方便客人挑选。

会所一楼和二楼的设计不仅可以使顾客感受到中式茶馆的底蕴，还可以让顾客领略现代茶吧设计的风采。

在该项目中，茶是空间的主角。干净、整洁的空间布局，温暖的色调和不一样的茶语故事创造了一片"净土"。铁艺架上的小黑板写有泡茶步骤，指导客人如何正确泡茶。顺着原木楼梯往上是二楼包间，可供前来商谈、品茶的客人独处。一楼安装了大片玻璃幕墙，顾客可以在品茶的同时欣赏外面的景色。

| 武夷品种茶 | | 三坑两涧茶 | |
|---|---|---|---|
| 黄金桂 | ￥28 | 慧苑坑水仙 | ￥68 |
| 黄观音 | ￥28 | 慧苑坑肉桂 | ￥88 |
| 白瑞香 | ￥28 | 倒水坑肉桂 | ￥88 |
| 金牡丹 | ￥28 | 悟源涧肉桂 | ￥88 |
| 玉麒麟 | ￥28 | 流香涧肉桂 | ￥88 |
| 老君眉 | ￥28 | 慧苑坑老枞水仙 | ￥188 |
| 矮脚乌龙 | ￥28 | 牛栏坑肉桂 | ￥288 |

| 当家茶 | | TeaNana创意茶 | |
|---|---|---|---|
| | ￥48 | 柠檬红茶 | ￥28 |
| | ￥48 | 清心去火茶 | ￥28 |
| | ￥58 | 白+黑 （coffee+tea） | ￥38 |
| | ￥58 | | |
| | ￥58 | | |
| | ￥68 | | |
| | ￥68 | | |

茶自漫 TeaNana

铁罗汉 Tie Luo Han　　金锁匙 Jin Suo Shi　　肉桂 Rou Gui　　半天 Ban Tian

佛手 Fo Shou　　悦茗香 Yue Ming Xiang　　金牡丹 Jin Mu Dan　　向天 Xiang Tian

黄玫瑰 Huang Mei Gui　　水仙 Shui Xian　　水金龟 Shui Jin Gui　　紫红 Zi Hong

平面图

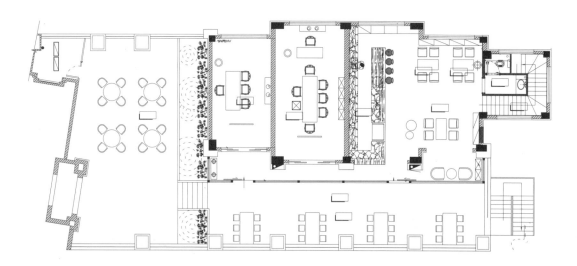

# 因味茶（东方广场店）

—

项目地点
中国，北京市
—
面积
280 平方米
—
设计
研趣品牌设计 YHD
—
完成时间
2017 年
—
摄影
徐飞拉

在北京的前门做一家茶饮店是一件极具挑战的事，因为很容易就会让人与传统茶馆联想到一起。而因味茶作为一个现代茶饮品牌，他们希望能给顾客提供一种与传统茶饮完全不一样的体验。

前门是认识北京的第一站，因味茶也应该成为年轻人认识茶饮的第一个品牌。因此研趣品牌设计 YHD 的设计师们希望用一种极简的设计，烘托出前门的门和茶饮的茶。项目的门脸全部采用落地窗的设计，随建筑的形状成弧形，可以将内部空间完整地展现给路人。店铺通过通透的半开放外立面呼应前门。透过两重门可以看到品牌壁画，给消费者一种神秘感和期待感。前半区开放，后半区私密，同时引入了手冲吧台，可以提供更专业的茶饮服务。不同于大多数茶吧的全开放设计，该项目特别设计了私密区域，可供三五好友小聚畅聊，或供商务人士进行简单洽谈。空间以蓝色为主，内部座椅则避免了单一的色调，选择红、白、蓝穿插摆放，使整个茶吧显得更加活泼灵动。

空间内特别规划了因味茶产品的展示区，这既是对品牌的宣传和推广，也是对茶文化的一种渗透——现代和文化的结合，才是设计的初衷。最终呈现出的因味茶（东方广场店）实现了最初的构想，让设计师和商家都颇为欣喜。他们期待着这个年轻而充满活力的空间能够成为北京年轻一代新的社交空间，也能让他们感受到传统茶文化的精妙。

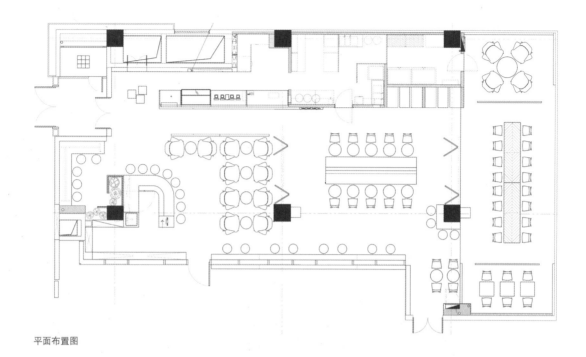

平面布置图

对页组图　整体追求极简的设计风格
上图　因味茶产品的展示区
下图　茶文化宣传墙

# 煮葉

—

项目地点
中国，西安市
—
面积
250 平方米
—
设计
研趣品牌设计 YHD
—
完成时间
2016 年
—
摄影
Lentoo Studio

茶是中国人的传统饮品，但是有一个品牌致力于推广现代茶饮，却又有别于街边盛行的奶茶店，它更像茶界的星巴克，它就是煮葉 (Teasure)。

商家特意请来日本的设计大师原研哉先生设计了企业 VI，研趣品牌设计 YHD 则参与到门店设计中。整个空间以极简风格为主，将茶吧的设计理念定义为"一杯清茶"，没有使用过多的装饰，而是用原始材料的美来突出茶的美。

所有的装饰都围绕着"茶之美"展开：充满古韵的水墨屏风与现代的家居形成对比；黑板则巧妙地将传统茶道通过形象的简笔画展现给现代的年轻人；吧台采用木质材料，点餐牌也选取了类似牛皮纸的色调，很好地呼应了木质的暖色调；餐桌椅和地板也都选用木质的材料，给人温馨的感觉；主背景墙的墙纸则非常用心地挑选了茶叶图案。可以说整个门店处处体现了茶文化，打造了一个名副其实的"茶空间"。

整体空间没有像普通咖啡厅和水吧那样特别营造出昏暗的氛围，反而采用明亮的基调，使顾客更容易分辨茶汤的色泽。

设计师创造出了一家小而美的门店。在这个充满茶香的空间里，忙碌的现代人可以找到一个小憩的空间，除了在这里放松精神，还能将自己完全置于茶文化的熏染之中，经历一场非常纯粹的茶之旅。

前页图 餐桌椅选用木质的材料,给人温馨的感觉
下图 店面入口
对页上图 吧台区
对页下图 水墨屏风充满了茶香古韵

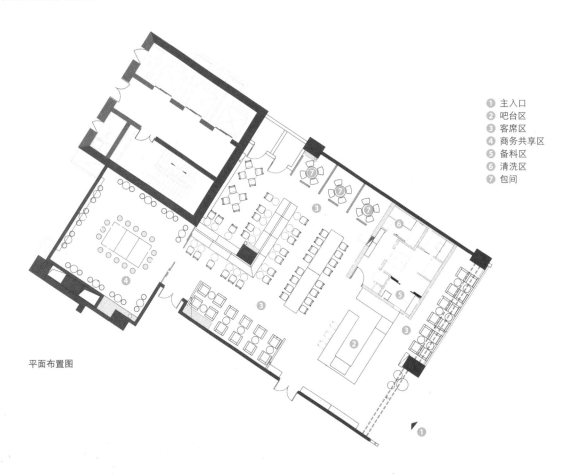

① 主入口
② 吧台区
③ 客席区
④ 商务共享区
⑤ 备料区
⑥ 清洗区
⑦ 包间

平面布置图

# 得慧堂茶空间

—

项目地点
中国，北京市
—
面积
250 平方米
—
设计
简间建筑工程设计咨询
有限公司
—
完成时间
2017 年
—
摄影
Kin Lo
—
所获奖项
2017 年度 Architizer
A+Award 专家评审奖
2017 年度 Architizer
A+Award 大众选择奖

得慧堂茶空间坐落在北京一片历史悠久的胡同区内，占用了一栋普通的十层居民楼的一楼店面。这片区域内如今既有中高层建筑，也有胡同平房。设计师试图恢复当地的传统元素和精神，并保持街面环境的连续性。

该项目旁边是一个快递服务中心，周围满是送货的三轮车，而它与周围喧哗的胡同环境形成强烈对比，仿佛是一座给人们带来平静的孤岛。外立面框出空间内景，为人们提供可以进行冥想和好友聚会的私密空间。布局灵活的中央空间可以容纳 100 人，适合举办各种各样的活动。圆，在中国文化中寓意和谐、圆满和完整，设计团队借鉴该寓意，运用了一种当代美学手法，同时弱化了现有的刚性矩形结构。

开放式空间位于以白色鹅卵石和繁茂植物打造的禅意空间内，空间边界摆放有白色的亚麻制品。人们可以在这个私密的环境中平心静气地交谈、品茶。两个包间沿用了主体空间的设计主题。宽敞的过道将各个功能区联系起来，还可用作临时展廊。房子后面还藏有一扇组合门。

空间设计用到了亚麻制品、榆木和水磨石，并以具有温暖色泽的金属为点缀。中央空间的亮点是椭圆形的巴力材质的天花板。空间立面采用了背光的磨砂玻璃，白天给人以干净、清新之感，夜晚则充满温暖的光线。该项目荣获了 2017 年度 Architizer A+Award 专家评审奖和大众选择奖。

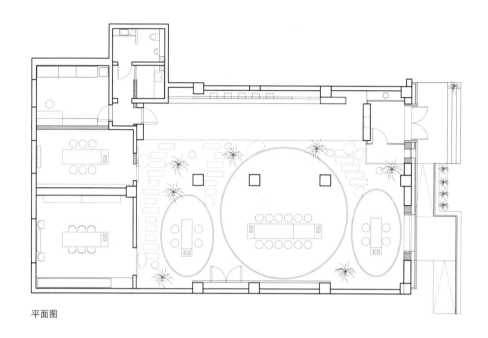

平面图

# "不知不觉"茶空间

—

项目地点
中国，深圳市
—
面积
200 平方米
—
设计
深圳市胡中维室内建筑设计
有限公司
—
完成时间
2017 年
—
摄影
罗湘林、何志东

该项目位于深圳市新开发的一个住宅区内，对面是深圳最美的海边公园"红树林湿地公园"，项目处于一栋高楼的 26 层，大厅与主房间有着近 180 度的无敌海景。

该空间旨在通过局部改造，营造一个能让人身心放松的都市桃花源。项目的一个重要原则是用最小的动作做最大的改变，而设计师也一直在寻找这个空间的支点。最后他们决定用一个变幻却又连续不断的建筑元素"廊"来解决以上所有的问题，一个长廊，既把所有空间(入口、大厅等各个空间)串联起来，同时又创造出步移景异的节奏：当走出通道这个又暗又窄的空间，进入不同的空间时，柳暗花明的体验是十分强烈的。深色胡桃木线条、亚麻布料和木灰色涂料所营造的 2700K 色温的静暖与窗外的蓝色天空与海形成互动和对比，让空间更加宁静而温暖。

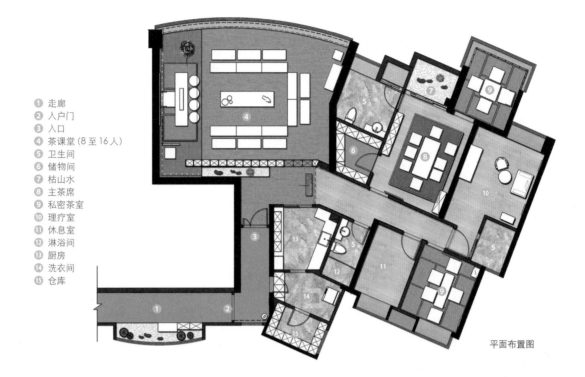

① 走廊
② 入户门
③ 入口
④ 茶课堂(8至16人)
⑤ 卫生间
⑥ 储物间
⑦ 枯山水
⑧ 主茶席
⑨ 私密茶室
⑩ 理疗室
⑪ 休息室
⑫ 淋浴间
⑬ 厨房
⑭ 洗衣间
⑮ 仓库

平面布置图

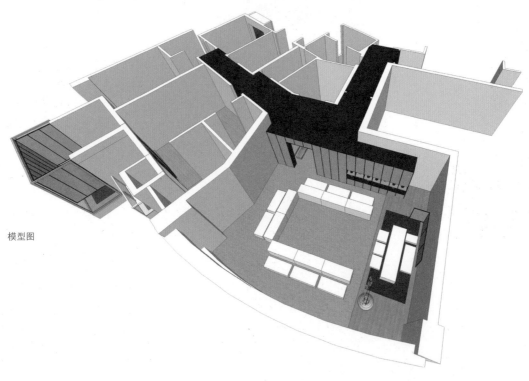

模型图

对页图 大厅
上图 小景
下图 设计细节

# 桃花源

—

项目地点
中国，南京市
—
面积
300 平方米
—
设计
思联建筑设计有限公司
—
完成时间
2017 年
—
摄影
王思仰

茶凝集了天地之灵气，古往今来为文人墨士所钟情。桃花源作为传承中国茶文化的茶室，力求在创新中贴合现代人的生活需求，其室内设计融合了禅意美学与简约风格，为纷繁都市带来一隅静谧自在的共享空间。

建筑呈现单层矩形的清朗轮廓，隐于林间犹如天然的杰作。大理石浑厚稳重，玻璃灵动纯净，如此搭配的立面刚柔、虚实协调，使建筑造型渗透着现代气息。室内成为整体建筑的延展，主要选用木材、竹和大理石，质朴的材料配合简洁的线条，创造出禅意、安稳之感。

茶室整体风格简约柔和，结合了太湖石、灯笼、绘画和艺术品等传统元素，烘托出一个与自然相融的宁静所在。太湖石是湖下采来的大型岩石，留存着久历侵蚀下形成的孔洞和褶皱纹理。六件太湖石置于一块模仿水面倒影的黑色镜面平台上，既为曲折圆润的艺术装置，同时也将茶馆分隔出半私密空间。而在黑框玻璃勾勒出的天然背景中，室内的直线设计呼应了茶馆外树林纵向线条的印象。

整体空间配以订制家具和灯具，与室内硬装气质相结合，反映出中式讲究的均衡之道。茶室既有沿袭古时"席地而坐"的低矮家具，也有因应当下"垂足而坐"的现代家具。这些家具颜色朴素，材质也多为原木，透出圆融的古韵和新意，对中国传统文化进行了现代的诠释。

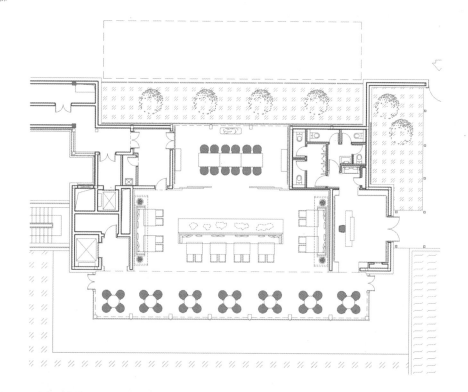

平面图

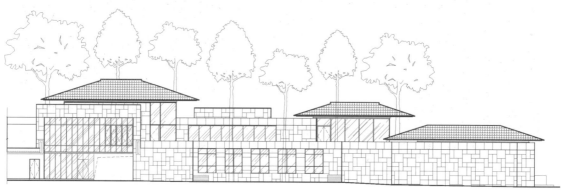

立面图

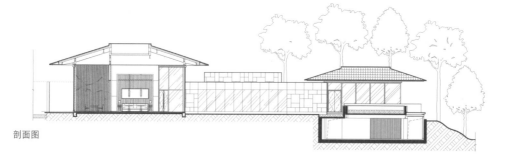

剖面图

# 胡同茶舍——曲廊院

—

项目地点
中国，北京市
—
面积
450 平方米
—
设计
建筑营设计工作室
—
完成时间
2015 年
—
摄影
王宁

项目位于北京旧城胡同街区内，是一个占地面积约 450 平方米的 "L" 形小院，被改造为茶舍，以供人饮茶、阅读为主，也可以接待部分散客就餐。

整理和分析现存旧建筑是设计的开始。项目北侧的正房相对完整，从木结构和灰砖尺寸上判断，至少是清代遗存；东西厢房木结构已基本腐坏，用砖墙承重，应该是 20 世纪七八十年代后期改建的；南房木结构是老的，屋顶是用旧建筑拆下来的木头后期修缮的，墙面与瓦顶都由前任业主改造过。根据房屋的年代和使用价值，设计师采取选择性的修复方式：北房以保持历史原貌为主，仅对破损严重的地方做局部修补，替换残缺的砖块；南房局部翻新，拆除外墙和屋顶装饰，恢复到民居的基本样式；东西厢房翻建，拆除后按照传统建造工艺恢复成木结构坡屋顶建筑；拆除所有临建房，还原院与房的肌理关系。

旧有的建筑格局难以满足当代环境对舒适性的要求，新的建筑必须能够完全封闭以抵御外部的寒冷。为此，设计师在旧有建筑的屋檐下加入一个扁平的"曲廊"，将分散的建筑合为一体，创造新旧交替、内外穿越的环境感受。在传统建筑中，"廊"是一种半内半外的空间形式，它的曲折多变、高低错落，大大增加了游园的乐趣。犹如树枝分岔的曲廊从室外伸展到旧建筑内部，模糊了院与房的边界，改变了院子呆板狭窄的印象。轻盈、透明、纯白的廊空间与厚重、沧桑、灰暗的旧建筑形成气质上的反差，新的更新、老的更老，让新与旧产生对话。曲廊在原有院子中划分了三个错落的弧形小院，使每一个茶室都有独立的室外景致，在公共和私密之间产生过渡。曲廊的玻璃幕墙好似一个悬浮于地面之上的弧形屏幕，将竹林景观和旧建筑投射到茶室之中，使新与旧的影像相互叠加。曲廊同时具有旧建筑的结构作用，廊的钢结构梁柱替换了旧建筑中腐朽的木材，使新与旧"长"在了一起。

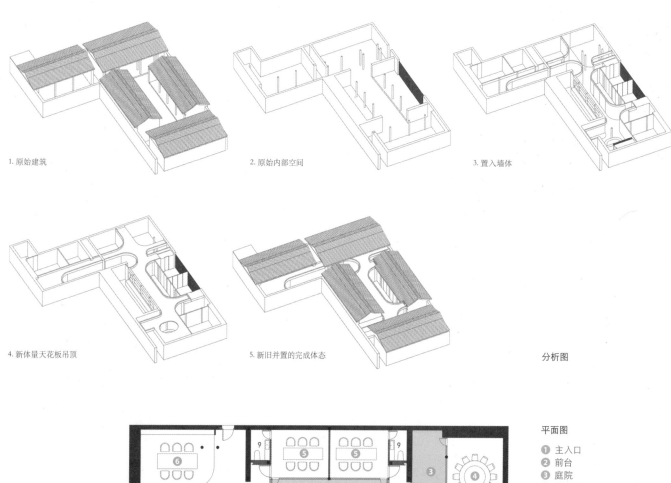

1. 原始建筑

2. 原始内部空间

3. 置入墙体

4. 新体量天花板吊顶

5. 新旧并置的完成体态

分析图

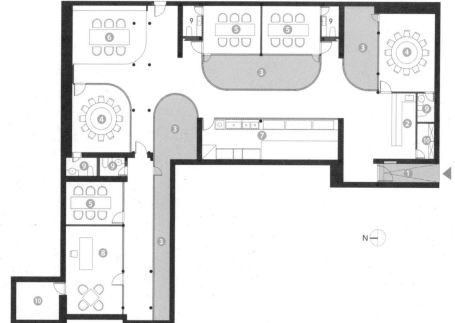

平面图

① 主入口
② 前台
③ 庭院
④ 餐厅
⑤ 茶室
⑥ 书吧
⑦ 厨房
⑧ 办公
⑨ 卫生间
⑩ 库房

N

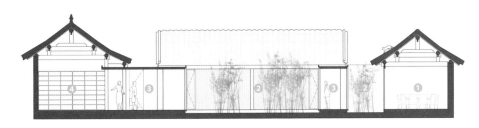

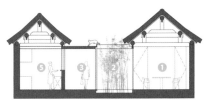

① 餐厅
② 庭院
③ 廊道
④ 书吧
⑤ 厨房

剖面图

# 慧舍

—

项目地点
中国，宁波市
—
面积
120 平方米
—
设计
宁波天慧装饰有限公司
—
完成时间
2017 年
—
摄影
刘鹰

慧舍位于宁波市高新区华之大厦的三楼，由 75 平方米的室内空间和 45 平方米的露台组成。由于慧舍处于整个大楼的三楼，客人是先进入大楼再走到露台，然后再进入慧舍空间内的。流线和传统的园林空间有反向的差异。而慧舍所在大楼的设计初心也是营造一个现代城市中的园林空间，这和设计师的想法不谋而合，同时也为改造提供了有利的先天条件。

空间内有一个茶室，一张 8 人座的长条茶桌、一个吧台、一个储藏室、一个酒精壁炉墙面，室外露台有张 8 个座位的户外长桌和一个烧烤台。整个功能分区主要分为室内空间和露台空间，中间用一个抬高 300 毫米的榻榻米茶室过渡。

本来面对露台的墙是封闭的，如今设计师把墙打掉，满目的绿色被引入空间。设计师把一个方形的"铁盒子"置入茶舍和露台之间，取代了原先的封闭墙面，通过可以完全打开的折叠门，完成了这个空间的延续。于是，从茶舍进入露台的途中又添惊喜——穿过空间的过程多了榻榻米式的茶室，静谧而又灵动。一个开放空间与一个封闭空间，在形成室内外对话的过程中，与绿意、阳光、氧气亲密地融合在了一起。

设计师主张使用真实、简单、自然的材料，打造精致而舒适的空间，因此改造选用的是最普通的材料——水泥、水磨石、铝方通、锈板。慧舍通过重新组合有了设计感，这便是设计的价值。整个改造既是一个整理思路的过程，也是重新出发的过程。

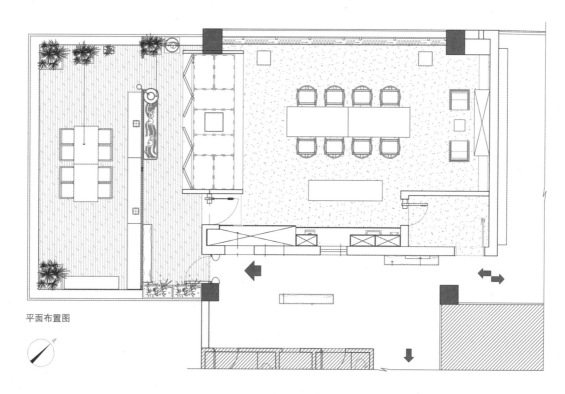

平面布置图

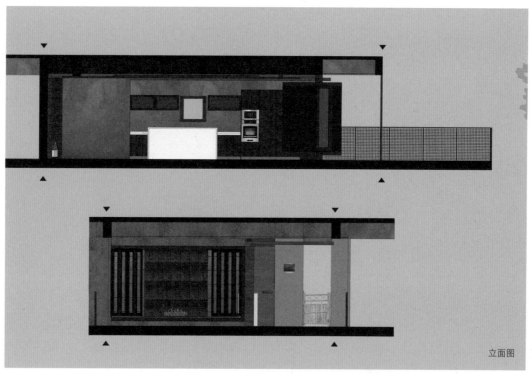

立面图

**对页上图** 长条茶桌
**对页下图** 慧舍内部空间
**上图** 抬高 300 毫米的茶座
**下左图** 通向慧舍的过道，这里有竹篱笆门和老长条凳
**下右图** 养着鱼儿的旧马槽

# 五维茶室

—

项目地点
中国，上海市
—
面积
300 平方米
—
设计
创盟国际
—
完成时间
2011 年
—
摄影
沈忠海

位于创盟国际办公区后院的五维茶室项目是对基地上原有的一栋屋顶已经塌掉的旧仓库的成功改建。基地本身的空间极为局促，三向面墙，只有一个方向朝向一个有水池的后院，同时整个建筑对空间的利用也因为现有的一棵大树而受到极大的限制。幸而设计的结果表现为一种综合了封闭与开敞、占有与妥协、趣味空间与逻辑建造等多种复杂关系之后的和谐。

整个建筑贴合基地空间，平面布局呈现为一个逻辑关系模糊的四边形，也正因此获得了对空间的最大索取。整个空间在布局上分为三部分：朝向后院一侧设置相对公共的开敞空间，包括一层的茶室和二层的图书室，同时在二层图书室伸出一个三角型的小平台，并将现存树木加以包裹，使得树木和建筑本身融为一体；而背向后院一侧则设置休息室、书房以及辅助服务空间等相对私密的空间；公共空间与私密空间之间通过一个趣味性的连接空间得以串连。

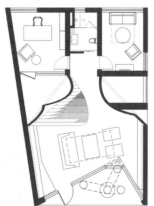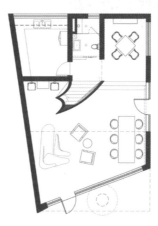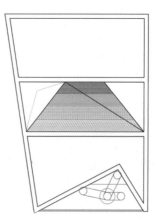

平面图

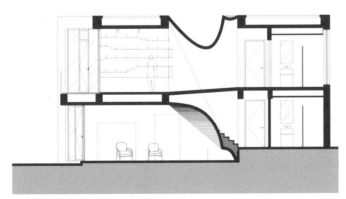

剖面图 1

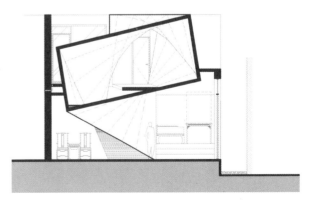

剖面图 2

**对页上图** 书房
**对页下图** 茶室内部
**下图** 楼梯及其下方的休闲空间

# 壹茶室

—

项目地点
中国，上海市
—
面积
20 平方米
—
设计
上海米丈建筑设计事务所
有限公司
—
完成时间
2018 年
—
摄影师
卢志刚

喝茶，在中国人的生活当中，是仪式感和功能性结合得最好的活动。在中国，茶被视作人与自然连接的纽带：在汉语中，人在草木间即为"茶"。茶是中国人的生活哲学符号，而喝茶的场所，亦被赋予了超出一般空间的意义。精神与物质在此交会，在饮茶的过程中，可从物理的局限空间，到达意念的广阔境界。

在茶室设计之初，主设计师卢志刚先生传承中国传统木构建筑中的"木作"概念，综合考虑建筑、室内空间、家具，以全新的形式和概念对其进行创作。

999 根松木在一个矩形的空间中向心排列，沿内置的椭圆形进行切割，每一根木方，都有自己的角度和长短。内部的空间，也有了相对清晰的边界。木方在椭圆形的内部空间之间，形成了一种半透明的围合。这是一种两个几何体，三种密度的交叠。每一个维度都呈现出一种精密的运动和变化。木方的斜切面映射了外部的光，视线在空间中描摹出渐进的"圆"，而"圆"在收放之间，完成了对"形"的塑造。

空间的端部，一侧为圆，一侧为方。圆窗临街，方户靠院。正应了"圆者规体，其势也自转；方者矩形，其势也自安"之势。动与静在这间茶室相遇、转化，在运动中得以调和。木方的向心性，让居于其中的人自然而然地受到一种内敛的暗示。"归一"与"复始"，是空间力求传达的饮茶状态——在水与茶的转变过程中，完成一种心情的过滤和情绪的演变。

来这间茶室，喝的也不仅仅是茶，而是感受在空间的仪式中蜕变与重生。虔诚地对待每一块木头，用心地传承中国传统文化，这便是设计师对其创作理念的理解和诠释，也是设计和建造这间茶室的初衷。

设计概念图

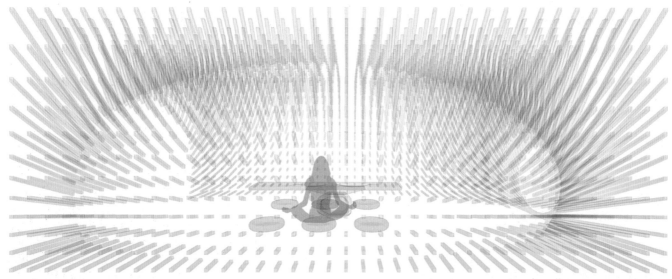

# 合一茶

—

项目地点
中国，乌鲁木齐市
—
面积
800 平方米
—
设计
叙品空间设计有限公司
—
完成时间
2016 年
—
摄影
牧马山庄空间摄影机构 (吴群)

在该项目中，设计师以禅的风韵来诠释室内设计，整个空间以素色为主调，质朴的水泥板与水泥砖厚实而流畅，仿佛划过时间的痕迹，为整个空间带来一种大气磅礴的气势，以一种独特的姿态诠释着中式之美。同时设计师将现代气息糅合东方禅意，创造了一个优雅的品茗空间。

在平面布置上分为两层一楼规划了门厅景观区，二楼规划了接待区包间厨房、餐厅、卫生间等。在色彩运用上，空间以黑色、白色、木本色为主色调，灰色为辅色调，再搭配一些花饰、器皿，让整个空间与茶道精神合而为一的同时又展现了空间的全部功能和意境。

一楼的门厅规划了一个半通透的装饰柜由黑色亚光方管和实木层板组合而成，后置钢化玻璃，使室内空间与室外空间有一个视觉上的交流。墙面的白色投影搭配一些小树枝装饰，配合旁边的白色枯木、石头装饰，禅意便油然而生。二楼的接待台没有复杂的造型，黑色的木作线条装饰着正立面，在灯光的照射下，透过磨砂玻璃，散发出淡淡的黄光。在会客区，设计师运用中国古典元素，特意设计了一个八角形门框，意味着人生的八面玲珑。吧台区和展示区延续了这种元素，一条长长的桌子穿过八角门洞立在那里，桌面上摆放着大小不一的装饰陶罐，桌子下面随意地放着几只蜡烛。枯山水的文化在这里得到了很好的应用——白色枯木和石头在灯光的照射下愈发显得精致。水景区抛弃一切矫饰，力求做到平淡致远，保留事物最基本的元素。素色的水泥板墙面、白色的投影、大小不一的陶罐、石头景观，形成一幅天然的、具有诗情画意的画面。过道采用了质朴的水泥板和木拼条，追求表面的质感和肌理。

米色的稻草漆、白色的壁布墙面，搭配装饰扁、黑白挂画、白色的枯枝等装饰品使中式的韵味更为突出。设计师在 VIP 包间还规划了一处有意境的景观，使空间更具有情调。

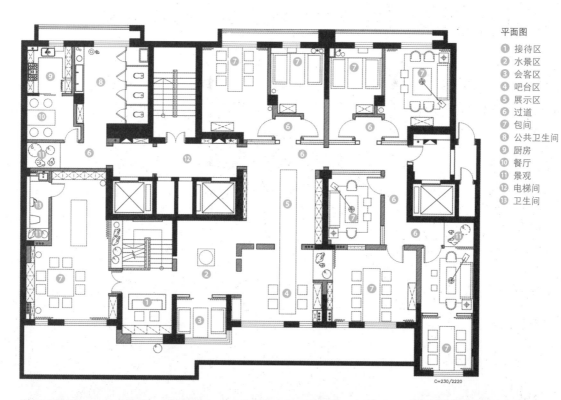

**平面图**

1 接待区
2 水景区
3 会客区
4 吧台区
5 展示区
6 过道
7 包间
8 公共卫生间
9 厨房
10 餐厅
11 景观
12 电梯间
13 卫生间

C=230/2220

对页上图 服务台
对页下左图 包间
对页下右图 VIP 室
上图、下图 茶具细节

# 禅茶一味

—

项目地点
中国，深圳市
—
面积
290 平方米
—
设计
深圳漾空间设计有限公司
—
完成时间
2017 年
—
摄影
脚印工作室

"茶"泛指茶文化，而"禅"意为"静虑""修心"，"一味"则是指茶文化与禅文化有共通之处。饮茶的环境宜清、静、闲、空，而茶与禅又有不解之缘，于是设计师将风格定义为禅意中式。

"清晨入古寺，初日照高林"，初升的太阳将金色的阳光洒向室内，线条、枯枝隐喻高林，展现了诗中美景。"曲径通幽处，禅房花木深"，自然幽静的意境由"禅"字挂画点明，原被隐藏的木格子重见天日，增添了中式意味，简约的中式吊灯渲染了整体禅意氛围。"山光悦鸟性，潭影空人心"，小鸟欢飞，潭影空明，无一不在暗示禅味净化灵魂的意境。山水相依的挂画，仅用寥寥几笔，便营造出雾气缭绕的氛围。将纱帘固定后挽起，使透过纱帘的阳光显得格外柔合，犹如高林的白雾，整个空间具有朦胧的美感。"万籁此都寂，但余钟磬音"，通过休憩的小鸟，素雅的配色以及精致的摆件将"静"表现了出来。

大包厢取名"俱静阁"，远离大厅，是茶馆中最为安静之处，但因并未做隔音处理，当大厅舒缓的音乐响起时，包厢内还是隐约能够听到，这恰恰增添了禅意氛围。挂画点出"涧"，且水面微微荡漾，表余音之感。小包厢取名"余音涧"，离大厅较近，外界动静皆可入耳，以成品竹制卷帘稍加遮挡——不以完全隔绝为目的，而是重在这种若隐若现的感觉。

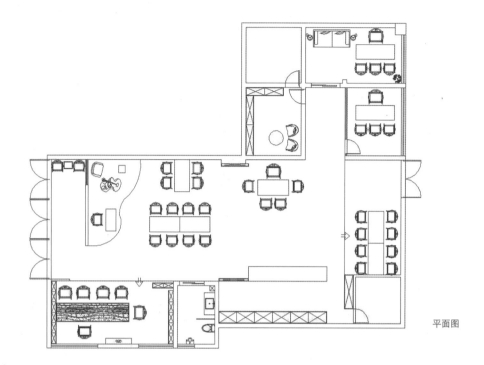

平面图

# 招商美伦会所·学古茶社

—

项目地点
中国，深圳市
—
面积
300 平方米
—
设计
深圳市胡中维室内建筑设计
有限公司
—
完成时间
2017 年
—
摄影
游宏祥摄影工作室

本案的设计灵感源于《饮酒（其五）》。与陶渊明的《桃花源记》相比，设计师认为这首诗的意境更加贴近生活，没有逃离现实，而是"出淤泥而不染"。尤其是"问君何能尔？心远地自偏"一句，显示出在生活中修行的大自在境界。

在现场考察时，现场的古树、南山、山气、花香鸟语……不禁使人的大脑中自然呈现出陶渊明的这首诗，于是就有了这个"意境"，设计也随之有了目标：如何把这种意境在空间中营造出来？

人们从诗中能看到山里（南山下）一个极小的古山村，几处村屋散落在山脚下，每户人家的后院都能举头望南山……多美的一幅画面！若要将这个意境在这个仅有 300 平方米的空间中表达出来并不容易。

站在村中央，南山（后院）方向的建筑采用了"虚透"处理——透过民居可看到后山成荫的绿树，让视觉空间的景深丰富而幽远。近村口的建筑以"实"为主，向着村口河边方向开启窗洞。入村后，原以为自己已经与村前的小河丛林完全隔绝，但进入房间，则是柳暗花明的体验。平面布置中，借山中地形的自然之态（也有不可动的原结构）对空间进行分布，人在其中仿若身处真实的山村。而项目中的木材使用的是天然核桃木，其拙旧味道让韵味更足。

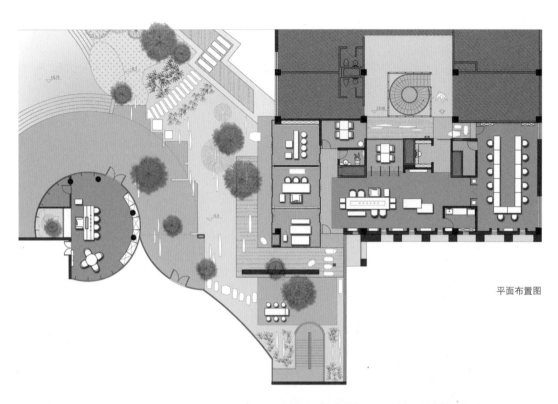

平面布置图

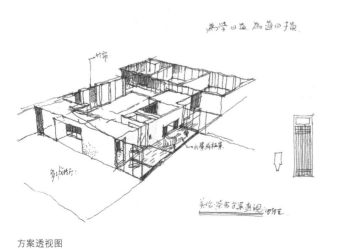

方案透视图

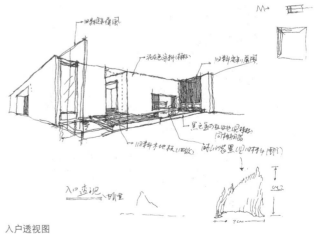

入户透视图

# El TÉ-Casa de Chás 茶叶店

—

**项目地点**
巴西，阿雷格里港市
—
**面积**
63 平方米
—
**设计**
Gustavo Sbardelotto
(Sbardelotto
Arquitetura), Mariana
Bogarin
—
**完成时间**
2013 年
—
**摄影**
Marcelo Donadussi

这家时尚的茶叶店位于巴西的阿雷格里港，主要经营各式各样的茶叶以及一切与茶叶相关的产品。它的设计灵感源于"茶的世界"——所有的颜色、纹理和香味均来源于茶叶，木材为项目的主要材料，作为中性元素来凸显五颜六色的草药茶展示柜。

这家茶叶店的窗户被隔壁店面的墙壁遮挡且距人行道较远，因而需要打造一个醒目的元素吸引过路者的目光。"El TÉ"的字面意思是"茶"，设计师以此作为店铺的名字，并将其立体化地呈现在人们的面前——象形的图案设计，已然超出了常规的店面室内设计和立面设计范畴，不仅成为店铺的视觉传达标志，也成为内部家具的主要构件。

茶叶店入口面向街道，背光照明与城市灯光十分相似，给过路者莫名的惊喜。外立面上的字母"É"进一步向内延伸，成为一个集茶叶展示、包装和收银功能于一体的柜台，是店内的主要设计元素。柜台前的小抽屉里面存放了30种茶叶，顾客可以在品闻茶香后，决定购买哪种茶叶。抽屉使用了不同颜色的信息签，方便顾客查阅的同时营造出丰富多彩的视觉效果。

**前页图** 木材作为主要材料，以凸显五颜六色的茶叶展示柜
**下图** 外立面
**对页上图** 柜台兼具茶叶展示和收银功能
**对页下左图** 饮茶区
**对页下右图** 柜台前用于存放茶叶的小抽屉

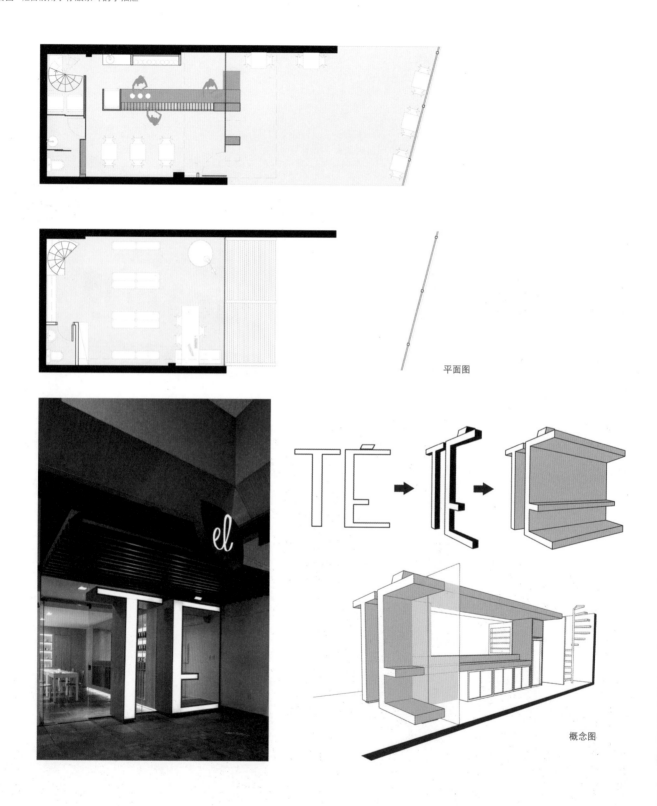

平面图

概念图

# Cha Le 茶吧

—

项目地点
加拿大，温哥华市

—

面积
63 平方米

—

设计
Leckie 建筑设计工作室

—

完成时间
2017 年

—

摄影
Ema Peter

Cha Le 茶吧的设计结合了几何图案和统一的材料，具有极简主义特色。精心打造的胶合板矩阵结构可以展示零售产品——以此营造茶吧的节奏感、层次感和光影感。统一的材料背景为沉浸式的饮茶感官体验增添了视觉上的抽象的静谧之感。

该项目的设计灵感来源于唐纳德·贾德 (Donald Judd) 的现代主义雕塑作品，该作品所用的胶合板材料就是以简约的形式出现的。Cha Le 茶吧所用的木料简单、经济，暗指对物质的敏感性，这种敏感性对中国传统茶道也有着重要的意义，且时常借由并不起眼的材料表达出来。空间所使用材料的数量有限，色调简约；排序结构严谨，呈矩形。设计师特意用温暖、明亮的配色软化硬质边缘，为空间增添温馨感。

温暖而柔和的灯光贯穿整个空间。嵌装于栅格内的 LED 光板以一种神秘的方式悬于空中，栅格原木清晰的线条也变得模糊起来。自然光线透进向街的店面，将茶吧和街道联系起来。

"物质性"是茶道的核心，除了茶的感官体验之外，空间内的自然元素和茶具之间的"相互作用"也丰富了人们的饮茶体验——利用简单的茶道用具便可交流茶道、了解泡茶手势和奉茶姿态。单一材料的使用提升了空间的感官体验。施工材料朴实无华、随处可见，设计团队以此体现材料使用的专一性，而空间结构也变得清晰、精致起来。

前页图 沏茶台可以展示烹茶的全过程
下图 外立面
对页上图 柜台和吧台区
对页下组图 沏茶台是空间的主体，整体风格为"极简主义"

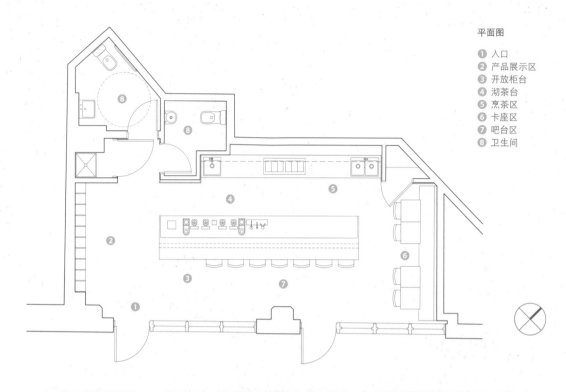

平面图

① 入口
② 产品展示区
③ 开放柜台
④ 沏茶台
⑤ 烹茶区
⑥ 卡座区
⑦ 吧台区
⑧ 卫生间

# T2B 茶吧

—

项目地点
澳大利亚, 悉尼市
—
面积
55 平方米
—
设计
Landini Associates
—
完成时间
2014 年
—
摄影
Sharrin Rees
—
所获奖项
全球卓越奖零售类一等奖
(Global Excellence
Awards-1st Place, Retail)

T2B 是 T2 品牌的全新售茶理念。在新理念中, B 既代表"冲泡", 又代表"仅次于"。与 T2 不同的是, T2B 的主营业务是售卖冲泡好的茶饮, 顾客可以带走, 也可以在店内饮用。店内还售卖一些以茶为原料的美食以及 200 多种包装好的茶叶。这个项目是众人想象力的结晶, 在这个视觉上充满挑战的环境中, 展现了 T2 品牌无与伦比的专业技能及他们对茶的热爱。

巨大的模塑混凝土吧台以戏剧化的方式展示了茶饮的制作过程, 店内还允许顾客自行体验泡茶, 设计并调配自己的茶饮。为了营造更为戏剧性的效果, 吧台上方安装了一个倾斜的镜面天花板, 导视标志是在混凝土上压制出的字母, 并被巨幅的表现主义绘画作品所包围。

另一特色是位于店面后身的茶叶库, 那里是用黑色的氧化铁架和容器打造的, 暗沉的色调使 T2 品牌的橘色包装在灯光下格外引人注目。

此外, 小型的铁制壁架引人驻足、交谈; 入口处的水平高度急剧变化, 横杆围栏可以为顾客提供保护; 而垂直投影屏幕上播放着汹涌澎湃的海洋和随风摇摆的森林景象, 烘托了店内的气氛。

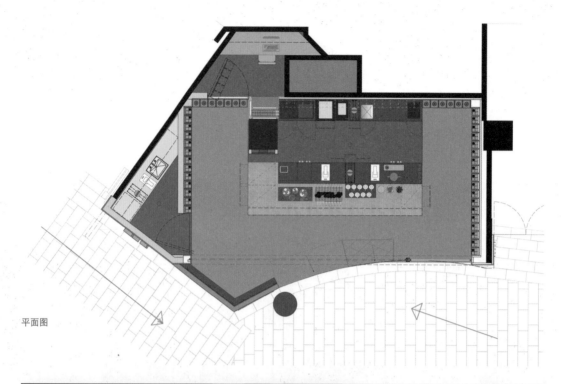

平面图

# Rabbit Hole 有机茶吧

—

项目地点
澳大利亚, 悉尼市
—
面积
160 平方米
—
设计
Matt Woods
—
完成时间
2015 年
—
摄影
Dave Wheeler

Matt Woods 设计公司利用 Rabbit Hole 有机茶吧项目彻底改变了人们对茶吧的陈旧理念。项目充分利用先前工业用地的固有结构, 对混凝土地板进行了抛光; 鱼骨形支柱木天花板被暴露出来; 原有的砖墙也裸露在外; 外露的元素经过漂白后使这栋阳刚的建筑变得柔和起来。此外, 增设东北向大开窗, 让明亮的自然光如洪水般涌入室内。

日本的金缮工艺 (加入金粉修补破碎的陶器, 是一种修饰残缺陶器的手法) 奠定了新设计元素的基础。定制的金缮碗好似马戏团表演者道具杆上方旋转的碟子一样, 安放在橡木杆上。设计师花费了大量心力, 他还在瓷砖覆盖的整块石料上, 安装了一盏完全用茶包制成的枝形吊灯。

为了中和这些高度概念化的特征元素, 很多设计过后留下来的剩余材料都派上了用场, 而且在设计细节上绝不逊色。由钢架支撑并安装有定制绕轴旋转窗户的墙面, 勾勒出小而独特的入口区的轮廓。长条形的桌椅是用可再生橡木打造而成的。这些都是用钢丝刷清洁后, 涂抹油料, 然后用暗梢连接而成, 为的是强化设计品质。座椅靠垫和铜扣靠背是用皮革和家用装饰面料制作的。柜台是用古老的法式橡木楼板托梁打造的, 此外茶吧内还有一张用鲨鱼鼻花岗岩打造的多人餐桌。其他桌子的外观则没有这么奢华, 只用到了木材和纤维水泥材料。这种鲜明的材质在茶吧内随处可见, 其中包括立在墙边的价值 100 美元的仓库货架。

为了确保能够为所有顾客提供舒适的环境, 设计团队做出了进一步的努力, 例如, 在天花板的角落处安装风扇, 在茶吧内可能的地方摆放盆栽, 用多孔 EO 定制实木板遮盖嘈杂的声响。可持续性原则是每一个设计决策的核心, 去物质化则是一个关键的驱动因素。项目中所有木材都是获得 FSC 认证的, 或是可循环使用的; 所有油漆均不含 VOC; 照明装置均采用节能技术, 或为 LED 装置; 每种材料的耗水或耗能指标都进行过评估。此外, 该项目旨在消除对电源的需求, 寻求利用自然能源和被动式通风的条件。

前页图 原有的砖墙裸露在外
下图 完全用茶包制成的枝形吊灯
对页上图 吧台和厨房
对页下图 鱼骨形木结构天花板

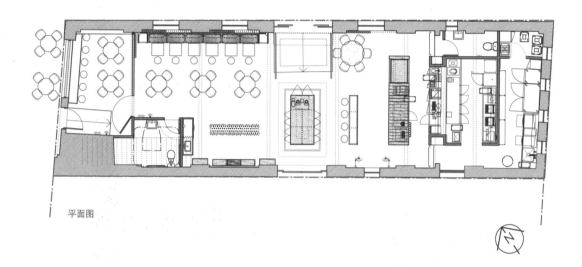

平面图

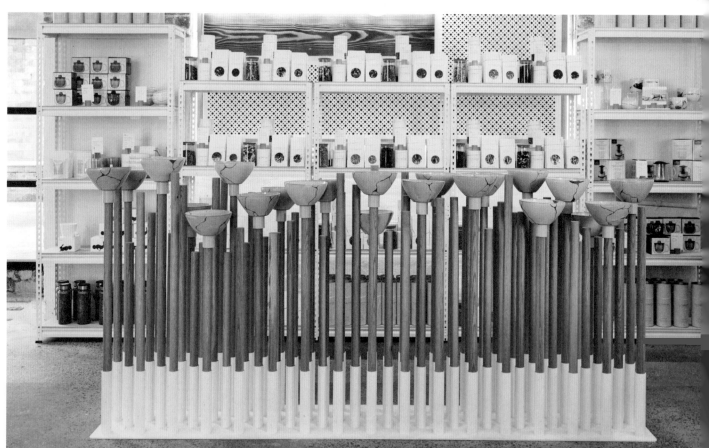

　西式茶吧

对页上图　就餐区　　　　下左图　长条形的桌椅用可再生橡木打造
对页下图　定制的金缮碗　　下右图　零售区
上图　门廊

# Tea Drop 茶空间

—

**项目地点**
澳大利亚，墨尔本市
—
**面积**
20 平方米
—
**设计**
Zwei 建筑事务所
—
**完成时间**
2014 年
—
**摄影**
Michael Kai

Tea Drop 茶空间专注于人们对茶叶的感官体验，剥除内饰，使茶叶成为空间的精髓。在周围混乱的市场环境下，这个茶空间通过并不算大的面积捕捉到了西式茶道的平静和韵味。

设计目标是打造一个低调内敛的零售空间，并将产品和品牌推向茶叶市场的舞台中央。醒目而低调的纯黑色底板与砖墙很好地结合，与白色的品牌标识相得益彰，这个外围正好与内部陈列的各种颜色鲜亮的产品包装形成视觉对比。曲线形后墙很好地将茶空间的后身隐藏起来，并将产品定位为核心。前方柜台的线条简洁、精细，上方的灯具恰好照亮了收银台，且柜台上摆放着一整排小罐茶叶。而这些细节的实质性和连贯性也沿用到茶店正前方的陈列设计上——货架上的产品陈列颇为讲究，按照包装的颜色划分区域，形成整体色块，非常醒目，引得路人不自觉驻足。

渐变的灯光聚焦在柱形的容器展示柜上，精致的茶壶和茶杯整齐地陈列在上面。茶店老板没有将茶叶存放在库房中，而是将装有各种类型茶叶的罐子摆放在墙壁陈列架上，使顾客一眼便能看到上方这些高高的货架上陈列的各种茶叶罐，可以说，这是一种绝佳的品牌展示。另外，空间中还配有茶叶烹制区，顾客可以品尝到新煮好的茶，而整个空间也弥漫着浓郁的茶香。

平面图

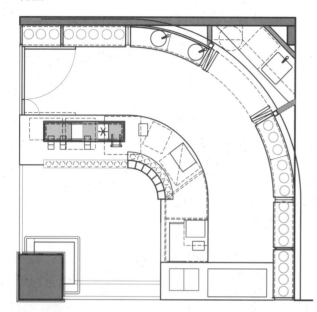

立面图

# Odette 茶室

—

项目地点
波兰, 华沙市
—
面积
45 平方米
—
设计
UGO 建筑事务所
—
完成时间
2015 年
—
摄影
Tom Kurek

这家茶室位于华沙市中心的一栋由赫尔穆特·雅恩 (Helmut Jahn) 设计的摩天大楼内。项目的主要设想是打造两个平面。第一个平面铺设有植物主题壁纸,内设四张供人们品尝茶点及茶饮的桌子,人们可以在此看到泽博尔斯基广场上历史悠久的教堂。第二个平面采用了红色的背景,里面摆放了多种设施。

UGO 建筑事务所的创始人乌贡·科瓦尔斯基 (Hugon Kowalski) 将以植物景观为特色并点缀以黄铜元素的店铺设置在摩天大楼的底层。几何结构的石材地板和护壁镶板映出了建筑前方广场上使用的材料,模糊了室内外铺面的界限。相较于地面的微妙处理,设计师对墙体的处理方式则完全不同。新颖的香蕉树树叶壁纸突出了茶叶店的特色,并搭配红木柜台、形如树叶的薄木桌子和好似树枝的椅子。植物元素将植物世界的和谐与柔美引入室内空间。

用黄铜条打造的不对称栅格成为空间照明装置的一部分,在视觉上延伸至与之相配的金属排架结构。装满各种茶叶的铬合金容器在排架旁排成一行。红木饰面的柜台设在饰以树叶图案的薄木圆桌旁边,并配以形似树枝的支架和椅子。

与前方广场形成鲜明对比的 Odette 茶室,为花草茶爱好者在波兰首都的摩天大楼内提供了一个"绿树成荫"的休息之所。他们在这里可以将缺乏新意的现代城市景观抛却脑后,走进充满繁茂香蕉树树叶的热带景观。

**前页图** 黄铜材质的不对称栅格被用作照明装置
**下图** 茶室入口
**对页上图** 茶室内部全景
**对页下左图** 形如树叶的薄木桌子和好似树枝的椅子
**对页下中图** 从吧台角度观看植物主题壁纸及餐桌椅
**对页下右图** 茶点展示

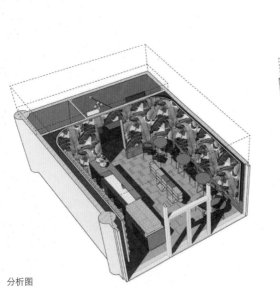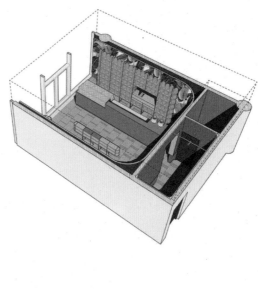

分析图

# Yswara 茶室

—

项目地点
南非, 约翰内斯堡市
—
设计
Studio19 (Mia Widlake)
—
完成时间
2016 年
—
摄影
Simone Kahn

非洲茶叶奢侈品牌 Yswara, 近年来开始在南非最大的城市约翰内斯堡建立他们的新茶室和旗舰店。坐落在新晋大都市约翰内斯堡的新兴文化街区的 Yswara 茶室不仅舒适现代, 还在设计上融合了传统的摩洛哥茶室风格。

整个店面呈现出一种柔和的女性色彩, 淡粉色的墙面和软装家具, 配以铜制硬件, 以此衬托茶具和香氛设计。散发光泽的镶木地板和非洲的传统家具, 这一切的设计都为了品茶爱好者们能够在这宁静的休憩之地泡上一壶好茶。

从石庭院进入这处私密空间, 便能看到一个用铜和橡木打造的复合茶柜台, 并用精细的科普特十字架进行了装饰, 与窗格上的几何细节相呼应。大型铜盘灯具低悬于空中, 呈现了挑高天花板的宏伟气势, 天花板还支撑起建筑原先的飞檐, 这些均被漆成精美的淡粉色。设计师遵循空间的原有布局, 用粉色大理石岛和褐色搁架展示美观的铜制茶罐。铜制橡木搁架沿墙壁而设, 并将浅色橡木嵌入用来储存东西的漂亮橱柜内。

这家茶室的设计切实地突显了设计师与委托方之间的协作与信任程度, 打造了一个独特的空间, 以此证明品牌实力, 并创造一种全新的体验。茶室设计将精心打造的北非元素与清新的现代风格融合在一起, 既为旧世界的摩洛哥茶室谱写颂歌, 也为改造后的约翰内斯堡中央商务区注入了新的生机与活力。

**前页图** Yswara 品牌展示区
**下图** 入口
**对页上图** 休息区
**对页下左图** 产品展示区
**对页下右图** 品牌零售区

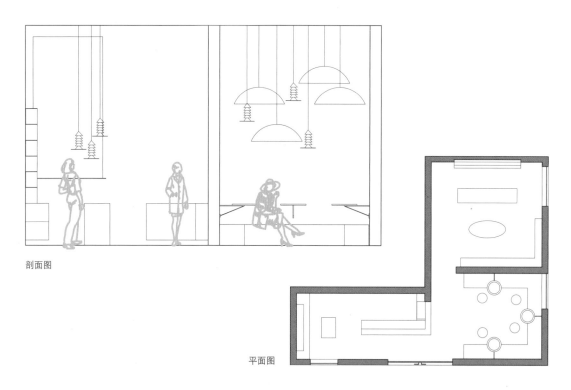

剖面图

平面图

# 南京女王下午茶

—

项目地点
中国，南京市
—
面积
220 平方米
—
设计
尚策室内设计顾问（深圳）
有限公司
—
完成时间
2015 年
—
摄影
陈思

从 19 世纪中期英国维多利亚女王举办第一次下午茶至今，下午茶已经有 170 年的悠久历史。英国贵族赋予下午茶以优雅的形象及丰富华美的品饮方式，因此下午茶更被视为社交的方式、时尚的象征。

2013 年，女王下午茶来到中国南京，取其精华并融合中国人的生活习惯，开启了下午茶的新时代。本案位于南京金奥购物中心二楼，设计师选取粉、白为主色调，配以鸟语花香的纹样配饰，象征着新时代女性所追求的个性、时尚、优雅的生活品质。各工作领域、各年龄层次的时尚女王都能置身于此，享受梦幻般的女王待遇。

本案以皇室风格为主，店内却没有皇室般的庄严，而是充满休闲、安逸之感和鸟语花香的味道。造型雅致的椅背刻有女皇标志，极具宫廷感，仿佛随时恭候女王大驾。该项目最突出的非天花板设计莫属，波浪形的立体造型配以手绘的玫瑰花和女王皇冠壁画装饰，华丽大气，有强烈的英国皇室风范。地板则选用了三种颜色的木纹地砖，以人字斜线拼合的方式展示，使空间效果活泼之余又富有女性化。墙壁贴的是文化砖，设计师恰到好处的搭配使原本粗糙的材质都显得更加尊贵，再配以精美的挂画，增添了女性气质。设计师大胆使用大量黑色铁花架，与桌上摆放的鲜花形成强烈的对比，既能突出现代女性刚柔并重的特质，亦营造出一种室内花园的感觉。

女王不再是奢望，你就是生活的主角，你就是女王。女王下午茶给予女性更好的生活选择，它是闺蜜休闲畅聊的绝佳场所，也是朋友畅谈生活的优雅领地。

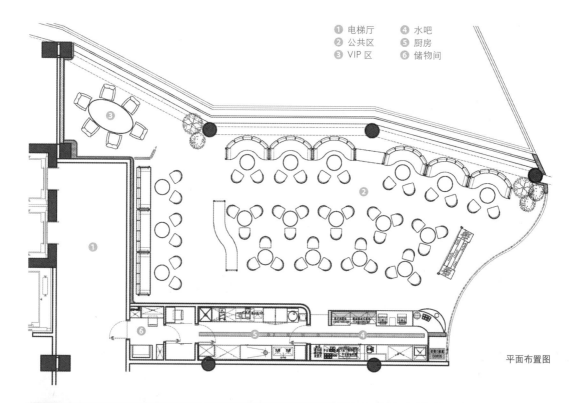

① 电梯厅　④ 水吧
② 公共区　⑤ 厨房
③ VIP 区　⑥ 储物间

平面布置图

对页上图　三种别致的木地板搭配,凸显一种悠然的时光
对页下图　菱角的窗位设计,搭配高贵神秘的紫色布艺沙发,显得安逸舒适
上图　一角静处的小物件
下图　静享下午茶时光,做自己国度的女王

# Talchá Paulista 茶室

—

项目地点
巴西，圣保罗市
—
面积
40 平方米
—
设计
mk27 工作室
—
完成时间
2014 年
—
摄影
Rômulo Fialdini

饮茶并不是巴西文化的一部分，但近几年来，全球化浪潮及人们对健康生活的追求使这个国家逐渐对茶产品产生了兴趣。Talchá Paulista 茶室最早发现了这一趋势。店主曾游历世界各地，对其他国家的饮茶习惯有着深刻的认识。这家茶室也是他潜心研究数年的成果。

设计团队的主要目标是创造一种基于传统茶室的现代方式。同时，他们希望借鉴多地文化，而非停留在虚构的设想上，并希望融入一些不会影响背景环境的元素。该项目位于一个购物中心内，因此需要在一个相当干净的环境下营造一种舒适的氛围。

茶叶店的面积较小，约为 40 平方米。设计团队并未使用玻璃隔档结构，而是打造了一面木制格架，面板折叠后，整个店面便展露出来。大量的轻质木材和特别设计的吊灯极具亚洲味道，双高格架则有英国传统图书馆的影子。

前页图　店铺的中央桌子和搁架细节
下图　铺面
对页上图　店铺整体
对页下左图　茶具细节
对页下右图　灯饰细节

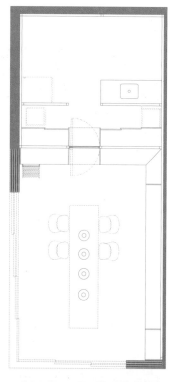

平面图

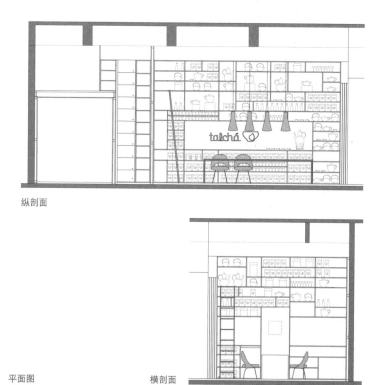

纵剖面

横剖面

# 喜茶（深圳壹方城 DP 店）

—

项目地点
中国，深圳市
—
面积
250 平方米
—
设计
晏俊杰，深圳梅蘭工作室
—
完成时间
2017 年
—
摄影
黄缅贵

喜茶发展数年之后已经不只是一家茶饮店。除了喝茶，该品牌还想探索更多的可能。为了将更多与喜茶秉持共同理念并具有时代精神的设计师、品牌及产品呈现给大家，喜茶白日梦计划（简称喜茶 DP 计划）应运而生。

在喜茶 DP 计划中，喜茶将与来自全球不同领域的独立设计师进行契合双方兴趣的跨界合作，带给大家更大胆更颠覆的空间体验。深圳壹方城店为喜茶 DP 计划的首家门店，是与建筑师晏俊杰合作的，他将北欧建筑思潮实践在喜茶的空间中。

该项目旨在探讨在新时代中，现实世界里人与人之间的距离，以及人们"坐下来"的另一种方式。设计师们想在喜茶空间里完成一个实验——把 19 种不同尺寸的小桌子拼成一张大桌，跳脱出封闭的感觉。大桌子缩短了不同群体之间的距离，为它们之间的互动提供了可能。对坐、反坐、围坐，不同的方式呈现在同一个大空间内，私密性与开放性共存，让每个消费者进店都能收获不同的空间体验感。戈夫将相遇定义为"公共场合人们之间持续性的相互注意"，而喜茶认为"相信就会相遇"。

纯白的桌面时尚简约，清新的绿植穿插在大桌子的空隙里，使人们的视线交流变得微妙；头顶的镜面装置倒映出底部的实景，让整体空间变得明亮开阔。

在这里，人们可以自由地"一人小憩"，也可以制造浪漫的"二人时光"，还可以享受"多人相聚"的欢乐——这里不只是一家满足你口腹之欲的茶饮店，更代表着一种全新的社交方式与空间。这正是喜茶壹方城 DP 店"相信就会相遇"的意义。

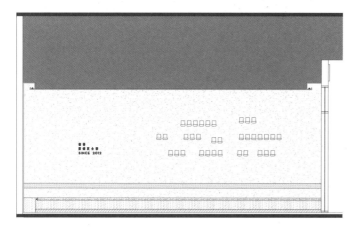

剖面图 1

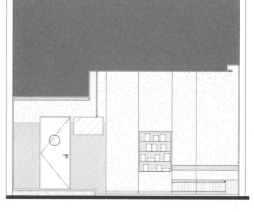

剖面图 2

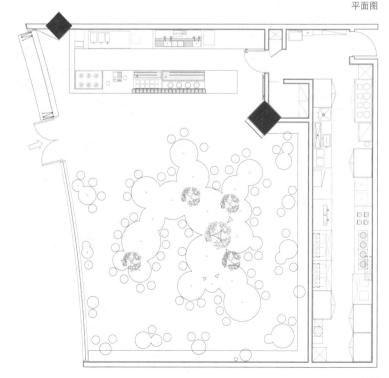

平面图

**对页上图** 不同桌面的设计对应不同的落座方式
**对页下图** 桌面间隙穿插绿植
**上图** 头顶的镜面装置倒映出底部的实景
**下组图** 混凝土吊灯和烧杯装置

# 东京午后红茶

—

项目地点
日本，东京市
—
面积
143 平方米
—
设计
南木隆助
(Ryusuke Nanki / Dentsu)
—
完成时间
2017 年
—
摄影
加藤纯平 (Junpei Kato)

日本知名红茶品牌麒麟午后红茶 (Kirin Gogo no Kocha) 近日正式推出了自己的品牌概念店。在咖啡盛行的当下，茶饮似乎不常有新的创意产生，但这家概念店则试图赋予红茶新的内涵。

为了打造一个不同于沉闷的传统茶屋的独特空间，设计师将与茶有关的元素应用到了设计的方方面面：经典的人字形纹样地板选用了红茶色与奶茶色；盆栽植物为茶树；装有皮质软垫的座椅则为奶茶色和柠檬茶色；其他家具和装饰也同样使用了以茶为灵感的色调——红色取自麒麟午后红茶的外包装，沙发靠垫被染成了三种红茶茶叶的颜色。座位区上方的"茶灯"使用了日本一流的食品模具制造技术，细致地展现了茶屋中提供的各类红茶饮料，包括碳酸茶、水果茶和分层茶饮，当然还有各种各样的冲泡茶饮。各种茶色的茶灯照亮了整间茶屋。玻璃幕墙上满是茶灯投射出的暗影，茶灯包括三种类型的冰茶，它们正是店铺所出售的茶饮所使用的基本原料。另外，这片区域还可以用作展示新品红茶的橱窗。

空间中的所有事物，例如奶茶色的吊椅，在传统茶屋中并不常见，但它们又与茶息息相关。除了室内设计之外，设计师还从人员配置和食物设计入手，精心挑选餐具及其他器具——这完全超出了设计师的职责范围。设计师所做的一切皆是为了提供一个轻松惬意的饮茶体验。

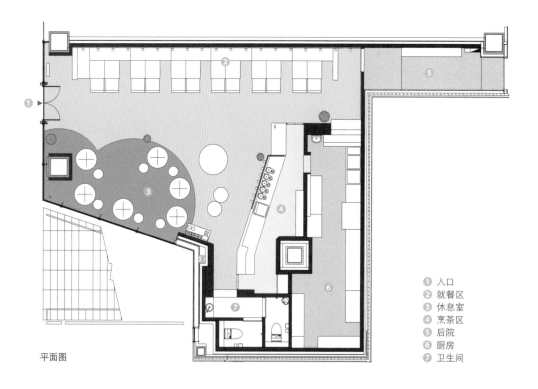

平面图

① 入口
② 就餐区
③ 休息室
④ 烹茶区
⑤ 后院
⑥ 厨房
⑦ 卫生间

Milk.
Black.
Lemon.
by GOGO NO KOCHA

Recommend Leaf

Recommend Food

Recommend Dri

# 喜茶（深圳万象天地 Pink 店）

—

项目地点
中国，深圳市
—
面积
250 平方米
—
设计
深圳梅蘭工作室（陈志青、丁致伟、吴秋丽、邓雄）
—
完成时间
2017 年
—
摄影
黄缅贵

喜茶首家粉色主题店位于深圳华润万象天地首层。深圳万象天地位于南二环核心商业圈，是一座集购物中心、时尚步行街、五星级酒店、甲级写字楼、国际公寓、铂金公馆、非物质文化遗产展览馆于一体的城市综合体。喜茶选择在这个时尚的商业中心开启品牌创新的新一轮尝试。

在延伸中国茶灵感和禅意的基础上，从女性视角出发，使用全世界潮流文化中最受欢迎的、低饱和度的淡粉色和金属色作为设计主色调，通过粉色道具与软装，将幸福感强烈的色彩语言运用到空间中。

喜茶门店的顾客中年轻女性消费群体占 70%—80%，喜茶将最具代表性的女性色融入品牌设计语言之中，可以更直接地与女性消费者交流。门店划分了三大分区对应三种生活场景，也是喜茶 Pink 主题想要表达的三种关联：

1. 我与我：以波波池浴缸为特色的私密性空间，让人可以毫无顾忌地做真实的自己；

2. 我与 Ta：室内摆放了来自 Zaozuo 的法国设计师 Guisset 的粉色靠背椅、芬兰设计师 Eero Aarnio 的粉红色 Puppy 小狗椅，并搭配小花园、电话亭等元素，是亲密空间的泛化表现；

3. 我与公共：户外摆放着英国设计鬼才 Thomas Heatherwick 设计的旋转陀螺椅，动感而有趣，谁都可以坐上去，这体现了人与社会的关联性。

当产品的竞争日趋稳定，空间的"意义"将会成为探索的方向，毕竟空间也是品牌讲故事的一个先决条件。粉色主题是该品牌的一次新尝试，在不改变"禅意"这个基础风格的同时，品牌在未来还将探索更多不同的主题空间。

Cool
Inspiration
Zen
Design

INSPIRATION OF TE

**前页图** "Pink" 主题的店内环境
**上图** 英国设计师 Thomas Heatherwick 的旋转陀螺椅
**下图** 波波池浴缸象征私密性在公共茶饮空间的呈现
**对页上图** 法国设计师 Guisset 的粉色靠背椅
**对页下图** 空间中的布局

平面图

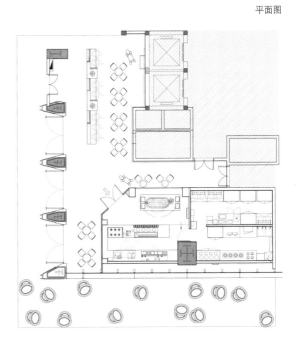

# TMB 混茶（宝泰店）

—

项目地点
中国，广州市
—
面积
255 平方米
—
设计
DPD 香港递加设计
—
完成时间
2016 年
—
摄影
芮旭奎

"T for Tea, M for Mixture, B for Bar, Just the place, I mixed you." 把玩和设计集于一身，这就是 TMB 混茶，一个轻奢跨界茶饮品牌的理念。这里不仅有极致的好茶，还有独具匠心的茶具、茶叶；有设计感极强的软装，还有可以带回家的独立品牌沙发、小资桌椅，只要是你喜欢的，都可以带走。

因为创始人本身就是一名设计师，所以混茶在设计上也贯彻了属于他自己的特独风格。整个店的风格以黑色和金色为主调，里面所用到的家具摆设都是与国内外知名家居品牌联手设计的，将高冷暗黑风诠释得淋漓尽致，打造了属于自己的独特品牌风格。

店铺外观整体运用了大色块的黑色来凸显简约风，正门的左侧设有展示区，在提升外观的效果同时，还能起到画龙点睛的作用，让正门的氛围不会因为黑色而显得过于沉闷。侧门由软装和地画两个元素结合而成——通过具有设计感的现代软装展示出品牌的定位，结合有趣的地画，使顾客坐在沙发或在侧边的吧台区憩息的时候可以运用地画来娱乐。

店铺的内部设计是要打造出让顾客能舒服地在里面休息的空间，所以保留大面积黑色元素的同时，DPD 设计团队还要考虑如何能从视觉上和空间布局上让顾客更满意。最后他们选择了黑色搭配灰色，让整个空间不会过分沉闷；空间布局方面，考虑到不同人群的需要，设立了卡座区、散座、吧台；软装的材质方面，大部分采用高端订制款的羊绒面，外形设计则是以山群、树木等大自然元素为主，搭配时尚简约的装饰摆设，提高空间氛围感。

**前页图** 店内装饰
**下图** 采用简约的色块展现, 让正门左边的展示区更具特色
**对页上图** 以黑色为主色调, 灰色为辅色调, 将空间与茶饮合而为一
**对页下图** 具有设计感的现代软装体现出品牌的定位

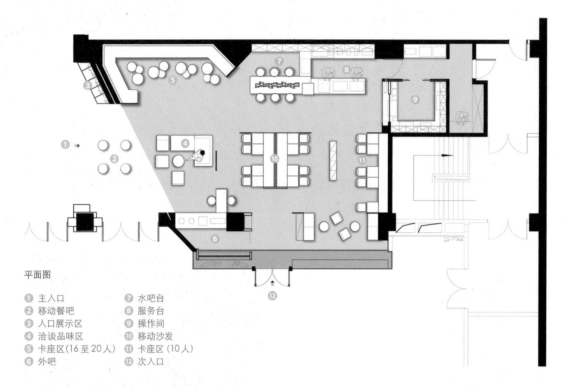

平面图

① 主入口　　　　⑦ 水吧台
② 移动餐吧　　　⑧ 服务台
③ 入口展示区　　⑨ 操作间
④ 洽谈品味区　　⑩ 移动沙发
⑤ 卡座区(16至20人)　⑪ 卡座区 (10人)
⑥ 外吧　　　　　⑫ 次入口

**对页上图** 休息区主要由卡座、移动沙发和吧台组成，让不同人群都有属于自己的一角
**对页下图** 配上软装和简约时尚的桌椅，展现了空间的功能和意境
**下图** 这里什么都能"卖"，包括混茶师，只要是你喜欢的

立面图 1

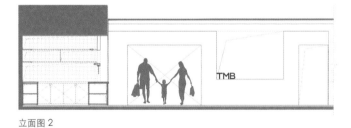

立面图 2

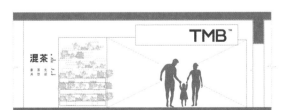

立面图 3

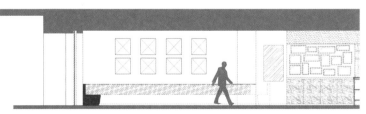

立面图 4

# 喜茶 （深圳深业上城 DP 店）

—

**项目地点**
中国，深圳市
—
**面积**
137 平方米
—
**设计**
晏俊杰，深圳梅蘭工作室
—
**完成时间**
2018 年
—
**摄影**
黄缅贵

在社交网络如此发达的当下，零售空间比起其售卖的商品，附带更显著的社交价值。喜茶希望回归到"人群"社交属性，触碰到真实的物质，体会它们带来的感官享受——从精神、视觉、味觉等细节上都能带来美好的、独一无二的体验。从茶饮店到社交空间的进化方向上有所突破是深业上城 DP 店的核心概念。

在中国人心中，诗酒田园，山川湖泊从来没有离开人们的生活，这些都是现实生活的背景——可远观、可近探，是人们暂避劳苦、安放自我的所在。古人将盛满了酒的觞置于溪中，由上游浮水徐徐而下，经过弯弯曲曲的溪流，觞在谁的面前停下，谁就即兴赋诗饮酒。围水而坐、曲水流觞、携客煮茶、吟诗作画，向来是古代文人墨客钟爱的雅事，也是现代人的一种向往。

在喜茶深业上城的门店，设计师运用曲水流觞做了现代的诠释：我们根据铺位空间内窄外宽的局限，将原本应该分散的桌子组建为一条曲线优美的"河流"，大面积的水纹不锈钢填充了整个天花板空间，如粼粼波光漂浮天际。

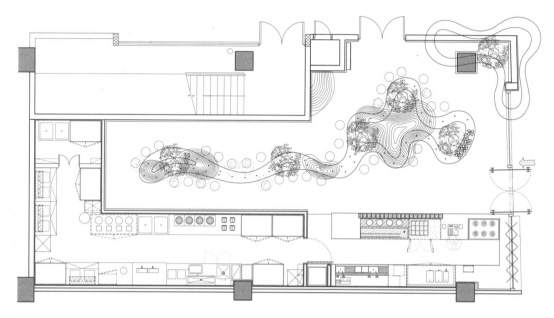

平面图

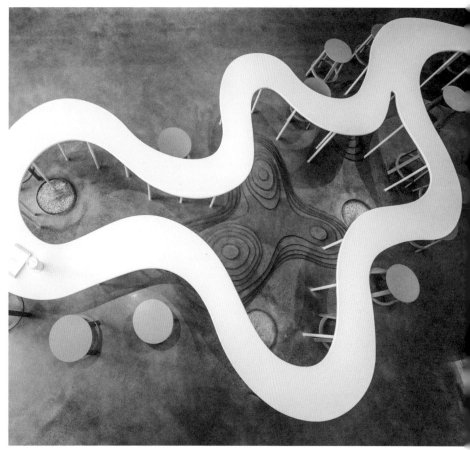

# Hi-pop 茶饮概念店

—

项目地点
中国，佛山市
—
面积
50 平方米
—
设计
肯斯尼恩设计
—
完成时间
2016 年
—
摄影
欧阳云

该项目位于一个充满年少时记忆的旧街小巷，这条小巷名叫 CD 街。这里贩卖 CD、玩具、礼品，是当地 "80 后" 绝对忘记不了的地方。20 世纪 90 年代初，这里是当地潮流的起点。但如今喧闹不再，没有了以往的学生、潮人，没有了回忆的气息。在高楼迭起、经济快速发展的时代，旧小区街道也悄然没落——没有了香港偶像歌声的街道，没有了过往的喧闹，如今更多的是留给人们的回忆。

Hi-pop 是一个潮流茶饮品牌，其客户群体主要为年轻潮流人士，设计师希望将此店与旧时回忆相结合，创造一间能够继续引领这条旧街道潮流的潮店。同时也希望能结合 Hi-pop 品牌的理念，通过设计来提升店面形象和 Hi-pop 品牌的社会认知度。

设计概念来源于儿时喝碳酸汽水时那种爆发的感觉——充满气体的液体由口中瞬间进入，经过食道到达胃部，然后打一声 "嗝"——这畅快的感觉是 "80 后" 小时候最大的满足。室内空间为一个长方形规整空间，主要运用了黄色与黑色两个盒子空间体块的连接构造；天花板用吸管元素装饰，从门口一直延伸至室内最深处，串连黄色与黑色盒子，就像饮汽水时那种爆发的感觉，直入空间深处；地面到墙身的体块采用了素描图案的花砖，令人回想起学生时期百无聊赖，用铅笔在纸上乱画圈圈的感觉。三者结合交织，在空间里相互穿插，加上简单却古怪的怪物图案以及潮流公仔的点缀，创造出一个令顾客能回忆起过往的空间。该项目整体氛围也令人情绪活跃，使顾客在潜意识中加快了进餐的速度，从而提高了店内客流量，符合当今快时尚餐饮空间的商业运作模式。

**前页图** 黄色区域就餐区局部
**下图** 门面造型
**对页上图** 站在门口位置看向店内全景
**对页下左图** 入口处看向操作区
**对页下中图** 黑色区域就餐区
**对页下右图** 黄色与黑色交接处的天花板细节

❶ 入口空间
❷ 就餐区
❸ 开放式厨房
❹ 储藏间
❺ 卫生间

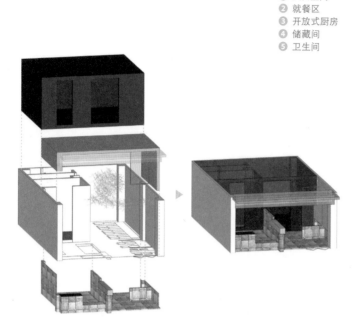

分析图

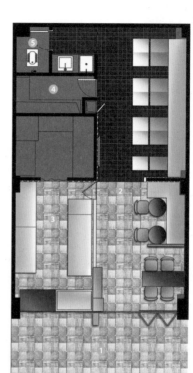

平面图

# 喜 茶（广州惠福东路热麦 LAB 店）

—

**项目地点**
**中国，广州市**
—
**面积**
**670 平方米**
—
**设计**
**深圳梅蘭工作室（陈志青、**
**丁致伟、吴秋丽、邓雄）**
—
**完成时间**
**2016 年**
—
**摄影**
**黄缅贵**

喜茶惠福东路热麦 LAB 店是其品牌旗下烘焙品牌喜茶热麦的首个商业展示空间。北京路和惠福东路是广州市越秀区一条集文化、娱乐、商业于一体的街道，喜茶热麦开在这个街道也实现了品牌创始人"回馈街坊邻居"的理想。

喜茶起源于社区、发展于社区，该项目也以"社区"为创作理念。整个空间在水泥、胡桃木、黑铁、不锈钢等材质的组合运用中呈现出自然、低调的极简主义风格。店铺所在的独栋建筑原为城区老房，三层广阔场地为营造有质感且层次丰富的空间提供了创作空间。设计的策略是最大化地利用老房本身的空间特征，巧妙地将室内三层空间与街道复杂多元的商业生活情境模式有机结合，由此建立一种微妙、生动、有趣的多维度街巷空间互动关系。设计结合了惠福东路的商区属性，突破传统商业模式中单一的空间形态，赋予这个空间更多的文化性、艺术性及公共性。

该项目一层为核心茶饮区和面包售卖区；二层为面包制作区，顾客可透过玻璃观看面包制作的全过程——所有产品的生产均需要在店内完成，因此制作间需要实现现场和面、成型、烘焙的所有制作需求；三层为艺术空间，为艺术家提供作品展览的机会。店内的三层空间层叠，为顾客带来沉浸式、多维度的感官体验。

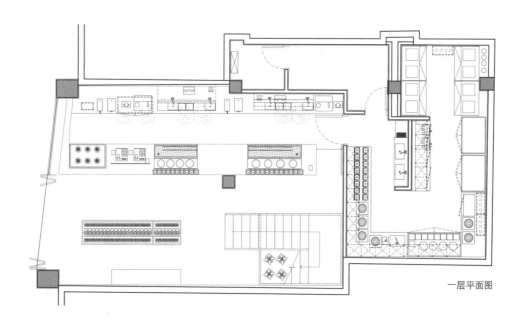

一层平面图

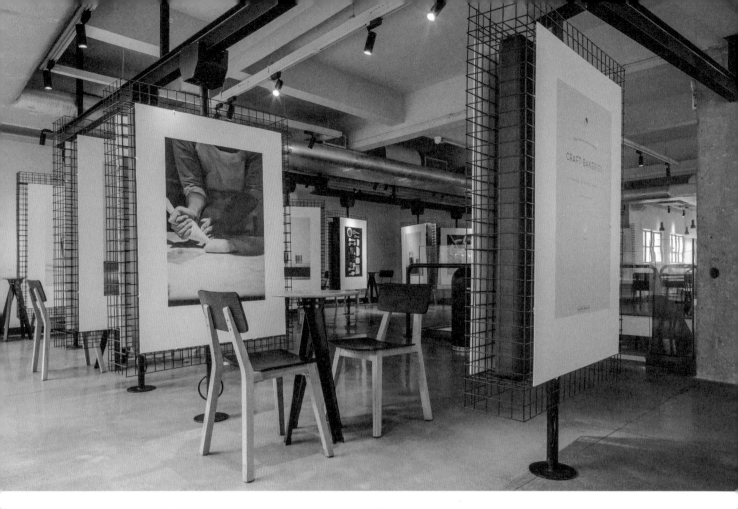

对页上图　艺术空间中的画廊装置
对页下图　艺术空间提供大面积的交流场所
左图　以茶碗和茶杯石膏模型组合成的艺术品和桌台两用装置
右图　铁网木面茶几与店内弥漫的质朴麦香相呼应

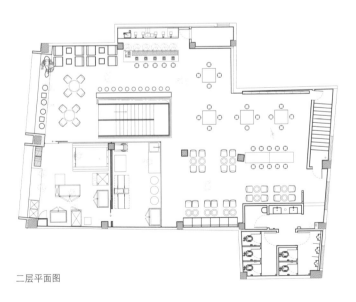

二层平面图

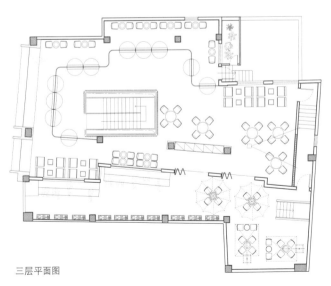

三层平面图

# 星缤茶（皇庭广场店）

项目地点
中国，深圳市
—
面积
130 平方米
—
设计
华空间设计
—
完成时间
2018 年
—
摄影
陈兵工作室

火遍台北的星缤茶（COMEBUY TEA）来到深圳的第一件事就是创新，做以前想做却没有做的事。而今天，星缤茶展现的是"零距离"——每个人乐于了解和接受彼此的差异，世界会更加美好。设计师以茶道的境界"意境悠然，禅茶一味"为设计灵感，完成了本案的设计。

传统的茶思维总是强调山水、吟诗、饮茶的画面，而这次设计师却颠覆了传统茶思维，以舒适度为核心来创造全新的茶吧。整体空间以美式的铁艺、机械与东方的青砖、茶融合，人们在星缤茶享受真诚交流的人情味，并且体验多元的茶文化。

梁漱溟曾提到过，人的一生一直在处理三种关系：人与物之间的关系，人与人之间的关系，人与自己内心之间的关系。而星缤茶从进店、喝茶，再到交流、离开，也仿佛印证了这三种关系。

设计独特的调茶吧台让顾客可以近距离感受茶香、茶色、茶味。调茶师站在磨茶机前专注的神情呈现的正是茶道的"仪式感"，墙上萃茶机的图解涂绘，创造了新的人与物的距离，这是人与茶的沟通；室内用少量的绿植来装饰，设有相互连接的座位，这是人与人之间的交谈；餐厅的每一处细节都是关于茶文化的，也会慢慢演变成自己的品牌文化。这些细节的碰撞，成为人们日常可感受到的场景，这是人与自己内心的碰撞。

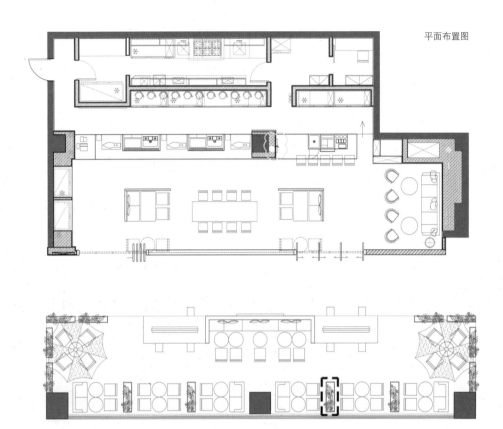

平面布置图

剖面图 1　　　　　　　剖面图 2

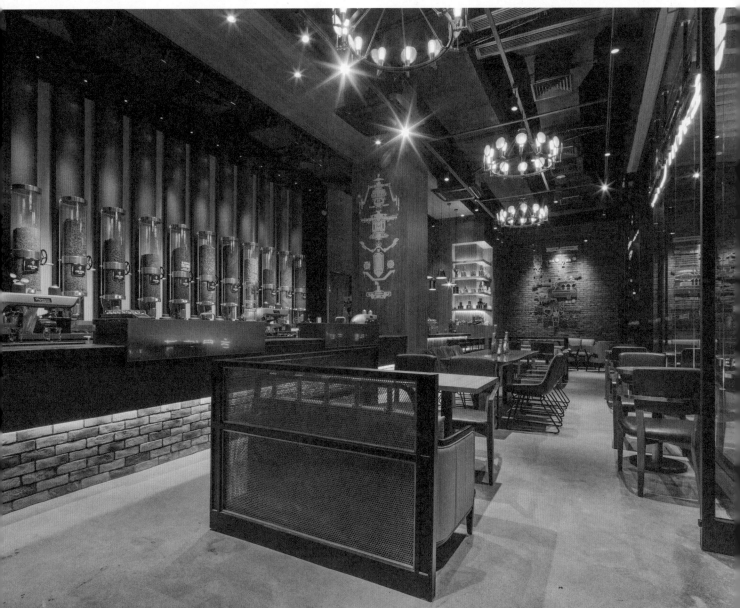

# 喜茶（苏州印象城 LAB 店）

—

项目地点
中国，苏州市
—
面积
309 平方米
—
设计
深圳梅蘭工作室（陈志青、
丁致伟、吴秋丽、邓雄）
—
完成时间
2017 年
—
摄影
黄缅贵

与谁同坐，明月清风。中国古典园林，一向被称为"文人园林"，而苏州，是文人园林的汇集之地。时宜得致，古式何裁——喜茶苏州印象城 LAB 店是对传统园林的造园方法的学习与致敬。

窗，掇山理水，移花栽木。园林建筑物或园墙的窗户和门洞边框是中国园林最显著的特征。设计师也以简练的边框区隔出店铺的空间，并形成立方体的亭子，边框形成画框，框入相对的邻景。这样一来，欣赏节奏被放慢，增添了情趣，无形之中扩展了空间，通过虚空的门窗纳入周围实景，使实景化为茶客心中的虚境，创造出一种虚实结合的妙趣。

木，山籍树而为衣，树籍山而为骨。设计师在门店户外及室内长桌上添置枝叶扶疏的花木，当茶客目光穿过花木，其视线和景物之间便增添了一重层次，有蔽有显，更有纵深感。在这抽象的茶室内，或行或停，移步换景，境生象外，应目会心，也许会让人产生在苏州园林游走的舒畅之感。

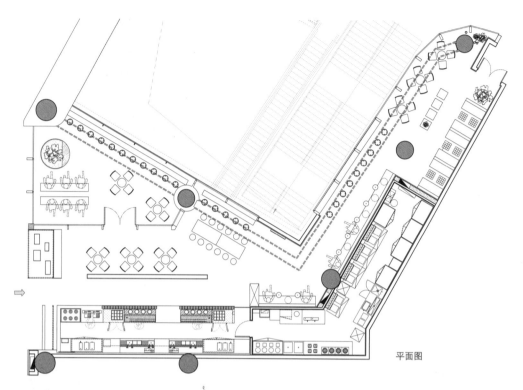

平面图

# Sook Shop 茶吧

—

项目地点
泰国，曼谷市
—
面积
100 平方米
—
设计
k2design 工作室
—
完成时间
2015 年
—
摄影
Asit Maneesarn

这是一家为泰国健康促进基金会的参与者们打造的项目，位于曼谷一片安静的场地上。该项目的店面设计独一无二，从周围环境中脱颖而出，凡是经过这片街区的人们对这里都不陌生。店面入口处为那些只想短暂停留的骑行者设计了一个自行车吧。这里还提供前往后街健康中心的班车服务。

该项目的理念是将 Sook Shop 打造成泰国健康促进基金会开展公共活动的场所，同时出售茶饮和健康食品。商家希望来到这里的人们心情愉悦，并鼓励民众更多地关注自己的健康。室内设计从身心健康理念出发，以健康三角关系（身体、思想和精神）为主要理念，并融入现代风格，以便引导年轻人更好地了解身心健康的概念。泰国健康促进基金会需要这样一个轻松、温馨、充满趣味的空间。

店面的装饰以绿、白、棕色调为主，给人以舒适感的同时，传达身心健康的理念。项目场地环境优美，并设有多个分区，包括餐饮空间、户外座椅区和隐蔽的阅读空间。打造家具所用的材料主要为木材——这种材料的实用性和美观性都十分出色，使摆放有厨具和餐具的墙壁架与后面的砖墙融为一体。这是一个有益民生的项目，设计团队专注于每处细节，最终打造出这一广受认可的空间。

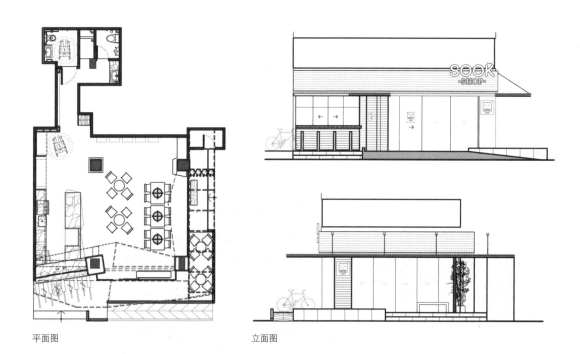

平面图                                      立面图

# 索 引

P16

TRD - 中合深美

网址 :www.zhsmdeco.com

电话 :010-65495101

邮箱 :cxb@zhsmdeco.com

—

P176

UGO Architecture

网址: www.ugo.com.pl

电话: 0048 793669182

邮箱: kontakt@ugo.com.pl

—

P172

ZWEI 建筑事务所

网址: www.zwei.com.au

电话 : 0061 0396506320

邮箱 : katherine@zwei.com.au

—

P124

创盟国际

网址: www.archi-union.com

电话 : 13764313929

邮箱 : info@archi-union.com

—

P228

华空间设计

网址: www.acehy.com

电话: 13528779652

邮箱: huakongjian@acehy.com

—

P72

极道设计

电话: 0591-63138543

邮箱: 2955016262@qq.com

P88

简间建筑工程设计咨询有限公司

网址: www.s-mu.com

电话: 18500022493

邮箱: glo@s-mu.com

—

P110

建筑营设计工作室

网址: www.archstudio.cn

电话: 010-57623027

邮箱: archstudio@126.com

—

P48

江西道和室内设计工程有限公司

网址: www.dao-he.com

电话: 400-080-5051

邮箱: 1106957815@qq.com

—

P218

肯斯尼恩设计

电话: 18038873521

邮箱: cudesign@163.com

—

P118

宁波天慧装饰有限公司

网址: www.huid-design.com

电话: 13429292580

邮箱: 1072481085@qq.com

—

P184

尚策室内设计顾问 (深圳) 有限公司

网址: www.apexdc.hk

电话: 020-38810576

邮箱: info@apexdesignhk.com

P130

上海米丈建筑设计事务所有限公司

网址：www.minax.com.cn
电话：13917834394
邮箱：info@minax.com.cn

—

PP26, 194, 204, 214, 222, 234

深圳梅蘭工作室

网址：www.muland.com.cn
电话：0755·25896615
邮箱：srash@live.cn

—

PP94, 146

深圳市胡中维室内建筑设计有限公司

电话：15820776350
邮箱：366070731@qq.com

—

P142

深圳漾空间设计有限公司

网址：www.sz-young.com
电话：13922880680
邮箱：2905247448@qq.com

—

P102

思联建筑设计有限公司

网址：www.cl3.com
电话：021·62464156
邮箱：info@cl3.com

—

P134

叙品空间设计有限公司

网址：www.xupin.com
电话：0512·55215666
邮箱：xp@xupin.com

PP58, 76, 82

研趣品牌设计 YHD

网址：www.younghdesign.com
电话：021·64480185
邮箱：david.zhou@younghoodesign.com

—

P54

众舍空间设计

网址：www.zonesdesign.cn
电话：027·59303187
邮箱：zones_design@yeah.net

—

P42

自然洋行建筑设计团队

网址：www.divooe.com.tw
电话：00886 228411566
邮箱：siusiu.create@gmail.com

**图书在版编目(CIP)数据**

风格茶吧 / 林镇编;潘潇潇译. —桂林:广西师范大学
出版社,2018.9
ISBN 978 – 7 – 5598 – 1140 – 0

Ⅰ. ①风… Ⅱ. ①林… ②潘… Ⅲ. ①茶馆-室内装饰
设计-图集 Ⅳ. ①TU247.3 – 64

中国版本图书馆 CIP 数据核字(2018)第 206581 号

出 品 人:刘广汉
责任编辑:肖　莉
助理编辑:杨子玉
版式设计:张　晴
广西师范大学出版社出版发行

( 广西桂林市五里店路 9 号　　　邮政编码:541004 )
( 网址:http://www.bbtpress.com 　　　　　　　　　　)
出版人:张艺兵
全国新华书店经销
销售热线:021 – 65200318　021 – 31260822 – 898
广州市番禺艺彩印刷联合有限公司印刷
(广州市番禺区石基镇小龙村　邮政编码:511450)
开本:889mm×1 194mm　　1/16
印张:15.5　　　　　　字数:40 千字
2018 年 9 月第 1 版　　　2018 年 9 月第 1 次印刷
定价:168.00 元